Viel Garten
auf kleinem Raum

Viel Garten auf kleinem Raum

Gisela Zinkernagel

KOSMOS

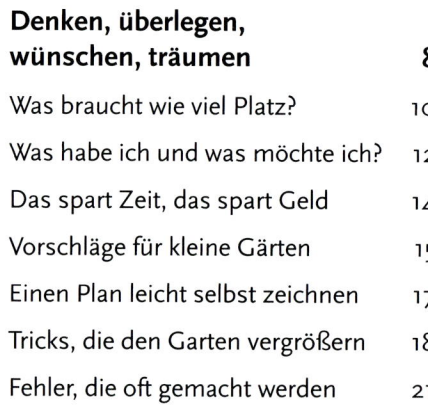

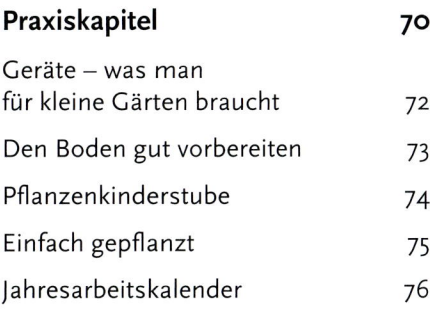

Denken, überlegen, wü

Haben Sie ein Idealbild Ihres Gartens im Kopf oder viele Einzelbilder von Details, die Sie gerne auf Ihrem kleinem Grundstück realisieren würden? Wir möchten Ihnen Wege aufzeigen und helfen, Ihre Wünsche zu verwirklichen. Lassen Sie sich auf dieser hübschen Bank nieder und denken wir gemeinsam darüber nach, was Sie sich wünschen und was Sie brauchen.

nschen, träumen

Was braucht wie viel Platz?

Ein Garten sollte, sowohl optisch als auch im Gebrauch, ein Teil des Hauses sein. Während sich seine äußere Form hauptsächlich aus seiner Funktion ergibt, muss seine Ausdrucksform im Einklang mit seiner Umgebung stehen. Ein gut gestalteter Garten verbindet darüber hinaus Ästhetik optimal mit praktischen Aspekten der Pflege und des Unterhaltes. Wenn es Ihnen gelungen ist, diese Vorgaben zu realisieren, dürfen Sie sich gelegentlich zurücklehnen, die Hände in den Schoß legen und den lieben Gott einen guten Mann sein lassen. Bevor Sie beginnen, Ihr kleines Stück Land zu planen, sollten Sie sich darüber klar werden, was Sie und Ihre Familie von Ihrem Garten erwarten.

Mutter möchte vielleicht gerne möglichst in Küchennähe einen Sitzplatz auf der Terrasse, die Kräuterecke gleich in der Nähe, ein paar Schnittblumen, vielleicht noch eine Wäschespinne an einem sonnigen oder zugigen Platz, einen Forsythienstrauch, um im Frühjahr Zweige zum Treiben schnei-

den zu können, einen Sommerflieder für die Schmetterlinge und einige größere Pflanzkübel für Oleander und Wandelröschen.

Der Vater wünscht sich einen stillen Garten mit einer Rasenfläche, auf der Obstbäume stehen, deren Schatten mit dem Lauf der Sonne über die grüne Fläche wandert, und am Haus hätte er gerne einen windgeschützten, ruhigen Abendsonnenplatz. Im Herbst möchte er rotbackige Äpfel ernten und für die Vögel Nistkästen und ein Futterhäuschen basteln.

Die Kinder bräuchten, wenn sie noch klein sind, einen Sandspielplatz mit möglichst viel freier Fläche drumherum. Am besten in Terrassennähe eine Schaukel oder ein Klettergerüst, ein eigenes Beet zum Experimentieren mit Pflanzen, vielleicht ein Wasserbecken oder Teich zum Beobachten von Pflanzen und Tieren.
Leider werden Sie in Ihrem kleinen Garten nicht alle Wünsche realisieren kön-

nen. Ihr Plan, den Sie auf jeden Fall erstellen sollten, wird wahrscheinlich in großem Maße bestimmt von den örtlichen Gegebenheiten.
Beginnen Sie mit der Bewertung der äußeren Einflüsse: Wenn Sie den Garten als Erweiterung des Wohnhauses betrachten, müssen Sie sich schützen vor Lärm, Abgasen und Einblicken. Der Vorhang, hinter den wir uns im Garten zurückziehen können, ist die Umzäunung des Grundstückes. Es erhebt sich hier die wichtige Frage: Wie hoch und aus welchem Material muss sie für mich sein und in welcher Form ist sie rechtlich zulässig (siehe örtlicher Bebauungsplan). Ein Kompromiss ist unausweichlich! Verständlicherweise hängt die Gartenplanung eng mit der Zaungestaltung zusammen, besonders in kleinen Gärten, denn die Besonnung des Grundstückes und die Bepflanzung werden durch sie entscheidend beeinflußt.

Ein weiterer vorgegebener Faktor ist für Ihre Planung sehr wichtig, der Boden.
Unsere Erdkugel ist, abgesehen von den Ozeanen, Wüsten und Gebirgen, mit einer hauchdünnen braunen Schicht umgeben, die im Laufe von Jahrmillionen durch Verwitterungsprozesse entstanden ist. Sie ist nur etwa 25 cm dick und stellt den so genannten Mutterboden dar, der Pflanzen, Tiere und Menschen ernährt. Sollte der Erde eines Tages dieser Boden ausgehen, würde unsere kleine Welt wieder zu einem toten Stern. Der Mutterboden, unsere Gartenerde, ist also die kostbare Grundlage unseres Lebens.
Natürlich kann seine Zusammensetzung je nach Ausgangsgestein und Art der Verwitterungsprozesse sehr unterschied-

RECHTS Kinderspaß im Garten – für Kinder ist das Kochen im Freien ein besonderes Erlebnis. Auf der Schottenküche können Sie selbst brutzeln und probieren (natürlich mit Hilfe von Mama und Papa).

lich sein, und die Bodenarten sind folglich sehr verschieden. So hat die Natur auch in Ihrem Garten bereits Voraussetzungen geschaffen, mit denen Sie fortan leben und arbeiten müssen. Pflanzenauswahl, Pflege und Düngemaß-

nahmen müssen danach ausgerichtet werden, ob Sie mageren Sandboden, fetten Lehmboden, sauren Moorboden oder (was am häufigsten ist) eine Mischform dieser Böden vorfinden. Für jeden Boden gibt es die passende Pflanze.

Ein guter Gartenentwurf gründet sich, wie schon erwähnt, auf einer Harmonie zwischen dem Innen- und Außenraum des Hauses. Wichtig für ein gutes Ergebnis ist, dass die im Garten verwendeten Materialien mit den im Haus vorhandenen zusammenpassen. Es sollten Farbtöne und Art der Beläge den Mauern und Treppen angeglichen werden. Ausblicke oder Blickpunkte sollten so platziert werden, dass sie von innen gut zu sehen sind, Lampen und Strahler so angeordnet, dass Ihr Garten auch während der langen, dunklen Wintermonate erlebbar wird.

Was braucht wie viel Platz?

Gartenelemente	Breite x Länge in cm
Arbeitsplatz	300 x 300
Balkonkästen	80 bis 120 x 20
Beerensträucher	200 x 150
Beerenhochstämmchen	100 x 100
Blumenbeet	150 x Länge beliebig
Blütensträucher hoch	200 x 200
Blütensträucher niedrig	120 x 120
Frühbeetkasten, 1, 2, 3 Fenster	150 x 80 +80 +80
Gartenschirm (170 cm hoch)	150 bis 200 x 150 bis 200
Gartentisch	70 x 120
Gemüsebeet	110 x Länge beliebig
Gewächshaus	300 x 400
Grillplatz	200 x 300
Hausbaum (600 bis 1000 cm hoch)	300 x 300
Hecke (80 bis 180 cm hoch)	60 x Länge beliebig
Hochbeet (80 cm hoch)	160 x Länge beliebig
Kompostplatz	150 bis 200 x Länge beliebig
Kompostbehälter	100 x 100
Kübelpflanze	80 x 80
Laube	250 x 250
Liegestuhl	200 x 65
Mülltonnenplatz je Tonne	75 x 65
Obstbaum Hochstamm	350 x 350
Obstbaum Busch	200 x 200
Sandplatz	150 x 200
Sichtschutz (180 cm hoch)	20 x Länge beliebig
Sitzplatz klein	250 x 250
Sitzplatz groß	400 x 350
Teich (80 cm tief)	150 x 200
Wege	40 bis 60 x Länge beliebig
Zaun (80 bis 180 cm hoch)	20 bis 30 x Länge beliebig

LINKS Die hier angegebenen Zahlen sind selbstverständlich nur grobe Richtwerte und müssen Ihren eigenen Bedürfnissen angepasst werden. Ob Sie überhaupt einen Arbeitsplatz benötigen oder einen Kompostplatz, hängt von der Größe Ihres Grundstückes ab. Vielleicht müssen Sie auf Grund der kommunalen Satzung eine Bio-Tonne anschaffen oder Sie dürfen aus nachbarschutzrechtlichen Gründen gar nicht grillen oder ein Gewächshaus aufstellen. Gemüsebeete sollten nur so breit sein, dass sie von einem Weg aus gut zu bearbeiten sind, das sind etwa 60 cm. Für ein Gemüsebeet mit beidseitigem Weg ergibt sich also eine Breite von 110 cm. Ferner gibt es für Teiche folgende Richtwerte: Die Wasserfläche sollte wenigstens 3 m² groß sein und an einer Stelle etwa 80 cm Tiefe haben, damit sich Tiere in einen nicht durchfrierenden Bereich zurückziehen können.

Was habe ich und was möchte ich?

Gartenwünsche — Wunschgarten? Zunächst stellen Sie sich die Frage: Wie viel Zeit möchte ich in meinem Garten mit pflegender Beschäftigung oder mit entspannendem Ausruhen verbringen? Hiervon hängt ab, wie intensiv Ihr Garten gestaltet wird. Dann fragen Sie sich: Wie viel Geld ist mir mein Garten wert? Hiervon hängt ab, mit welchen Materialien und Pflanzen Ihr Garten ausgestattet wird.

Stellen Sie sich aus den vorgeschlagenen Garten-Typen (siehe Tabelle rechts) Ihren Wunschgarten zusammen aber behalten Sie dabei die alte „goldene" Regel im Auge: Weniger ist mehr! Besonders kleine Gärten wirken unordentlich und verwirrend, wenn zu viele Motive in ihnen zusammengewürfelt wurden. Wenn Sie sich mit Hilfe dieser Listen die Ausstattung Ihres Wunschgartens zusammengestellt haben, ist der nächs-

te Schritt, sich über die Materialien klar zu werden. Ob Sie sich für großformatige Natur- oder Kunststeinplatten entscheiden, macht vom Preis her wenig Unterschied. Große Formate lassen sich lediglich schneller verlegen und Sie sparen damit Arbeitslöhne. Die formale Gestaltung Ihres Gartens wird mit diesem Material weitgehend der Architektur und damit dem rechten Winkel folgen.

LINKS Mit bunten Löwenmäulchen und weißem Mohn können Sie sich kleine Farbkleckse in Ihre grüne Oase zaubern.

Was ist in meinem Garten vorhanden?

▶ Grundstücksgröße

▶ Grundstückseinfassung

▶ Zugänge und Zufahrten

▶ Störende Einflüsse (Verkehrslärm, Nachbarhäuser, Straßenlaternen)

▶ Lage der Versorgungsleitungen

▶ Himmelsrichtungen, Sonnen- und Schattenbereiche

▶ Vorherrschende Windrichtung

▶ Vorhandener Baum- und Strauchbestand

▶ Bodenart und -qualität

▶ Wege

▶ Rasen und Beete

Bevorzugen Sie geschwungene, runde Formen, sollten Sie kleinformatige Steine verwenden. Kurven und Kreise lassen sich ausgezeichnet mit Natur- oder Betonpflastersteinen verschiedener Größen oder mit kleinen Platten herstellen. Allerdings erfordert deren Einbau mehr Geschick und Zeit, so dass die Kosten für Arbeitslöhne steigen. Vielleicht sind Sie aber auch so geschickt, dass Sie die Arbeiten selber ausführen können (siehe auch Seite 51).

Noch ein grundsätzlicher Hinweis an dieser Stelle: In der Natur sind alle Formen geschwungen, gekrümmt, gebogen, gewellt – aber leider repräsentieren unsere Gärten die Natur nur in sehr eingeschränktem Maße. Sie sind vielmehr Kinder städtebaulicher und architektonischer Vorschriften und es wirkt häufig unbeholfen und unpassend, wenn in kleinsten Gärten „natürliche" Bögen nachgebaut werden, wo eine auf die Architektur bezogene, rechtwinklige „zimmerähnliche" Gestaltung sich Haus und Grundstück besser anpassen würden.

In welchem Garten fühle ich mich wohl?

Garten für Pflanzenliebhaber

▸ Beet für Alpenpflanzen
▸ Beet für Rosen, Blütenstauden, Heidekraut
▸ Beet für Farne, Rhododendren, Gräser
▸ Wasser- und Sumpfpflanzen
▸ Platz zum Vermehren von Pflanzen
▸ Gewächshaus

Garten für die ganze Familie

▸ Platz für Fahrräder und Spielzeug
▸ Mülltonnen
▸ Wäschetrockenplatz
▸ Sandkasten, Klettergerüst
▸ Matschecke
▸ Robuster Rasen
▸ Großer Sitzplatz
▸ Blumenbeete
▸ Gemüsebeete
▸ Kompostbehälter

Garten zum Entspannen

▸ Sichtschutz
▸ Schattiger Sitzplatz
▸ Sonniger Sitzplatz
▸ Blumenwiese
▸ Große Wasserfläche, Wasserspiele
▸ Gartenlaube
▸ Gartenschmuck, Kunst

Garten für viele Gäste

▸ Parkplatz
▸ Sichtschutz
▸ Überdachung oder Pergola
▸ Großer Sitzplatz
▸ Grillplatz
▸ Fest installierte Sitzbänke
▸ Große Spielwiese

LINKS Wegbegleiter – Eine Fülle von Pflanzen wie Salvien, Schopflavendel, Frauenmantel und Rosen können die Rabatten am Rande Ihres Gartenweges schmücken

Das spart Zeit, das spart Geld

Das spart Zeit

▶ Bäume und Sträucher entsprechend ihrer natürlichen Endgröße verwenden (im Katalog nachschauen!), es erspart dauerndes Beschneiden

▶ Abstände der Pflanzen so wählen, dass sie sich natürlich entwickeln können

▶ Pflanzen nicht zu dicht setzen, sie müssen sonst häufig ausgelichtet und zurückgeschnitten werden

▶ Blumenbeete von Rasenflächen durch Mähkante trennen (Ziegel, Pflaster, Holzbalken)

▶ Keine Inselbeete im Rasen, Rasenmähen dauert länger

▶ „Englischer Rasen" ist pflegeaufwändig, seltener muss ein Gebrauchsrasen mit Gänseblümchen und anderen gemäht werden

▶ Auch Pflaster- und Steinflächen können dekorativ sein, in kleinen Gärten sollten sie Rasenflächen ersetzen

▶ Bepflanzte Kiesflächen (mit Folienunterlage) ersparen Unkrautjäten

▶ Neu gepflanzte Gehölzflächen mulchen, solange bis das Laubdach den Boden beschattet, erspart Unkrautjäten, hält länger feucht

▶ Stauden- und Sommerblumenbeete mulchen, solange bis der Boden beschattet ist (siehe oben)

▶ Bei Trockenheit alle 3 bis 4 Tage durchdringend wässern, nicht jeden Tag nur oberflächlich brausen

▶ Einzelne Blumentöpfe (Kübel) möglichst groß wählen, in Gruppen zusammenstellen, erspart Gießzeit

▶ Automatisches Bewässerungssystem einsetzen

▶ Kübelpflanzen mit speziellem Langzeitdünger düngen, ausreichend für zirka ein Jahr

Das spart Geld

▶ Materialien aus der Region verwenden (Holz, Kies, Naturstein, Rindenmulch, Pflanzen)

▶ Gebrauchte Materialien wiederverwenden (Altpflaster, Klinker, Platten – Bauhof)

▶ Restposten suchen, in Gartencentern und Baustoffhandlungen nachfragen

▶ Ausstellungsstücke und Auslaufmodelle zum Beispiel bei Gartenmöbeln kaufen

▶ Pflanzen selber anziehen und teilen, Nachbarn, Internet und Kleingärtner fragen

▶ Bitte keine Pflanzen in der Natur ausgraben

▶ Pflanzen erst nach der jeweiligen Saison (wenn verblüht) im Gartencenter kaufen

▶ Blumenkübel im Herbst kaufen, es wird bestimmt wieder Sommer!

▶ Angestrichene alte Stühle oder Biertischgarnituren ersetzen teure Gartenmöbel

▶ Kompost selber herstellen oder vom kommunalen Kompostierwerk beziehen

▶ Laub auf allen Pflanzflächen liegen lassen, es düngt und hält die Bodenfeuchtigkeit

▶ Bedürfnisse der Pflanzen an Licht und Bodenart beachten, Pflanzen an den richtigen Standort setzen

▶ Sammeln Sie Regenwasser

▶ Verwenden Sie solarbetriebene Teichgeräte und Lampen, sie sind zwar leistungsschwächer, aber billiger

▶ Kaufen Sie nur sehr gute Gartengeräte (Gartenschere und -messer, Säge, Handschaufel und Spaten aus nicht rostendem Stahl), erhöht die Freude an der Arbeit und zahlt sich auf Dauer aus

Vorschläge für kleine Gärten

Eine Rasenfläche ist für kleine Gärten unwirtschaftlich. Denken Sie nur an Erwerb und Unterbringung des Rasenmähers. Eine waagerechte, grüne Fläche lässt sich auch mit niedrigen bodendeckenden Stauden oder Gehölzen herstellen, die zeitweise sogar begangen und auf die auch ein Liegestuhl gestellt werden kann. Mehr befestigte und nutzbare Fläche bringt ein Plattenbelag, verlegt in interessantem Muster, auf dem ab und zu größere Steinbrocken als Sitzblöcke liegen und der mit Blumen, Kübeln und einem kleinen Baum begrünt ist. Auch oder besser besonders in kleinen Gärten sollte Platz für Kinder sein, denn junge Familien können sich noch keine großen Gärten leisten. Kinder sollen im Garten etwas machen können und dürfen, sie sol

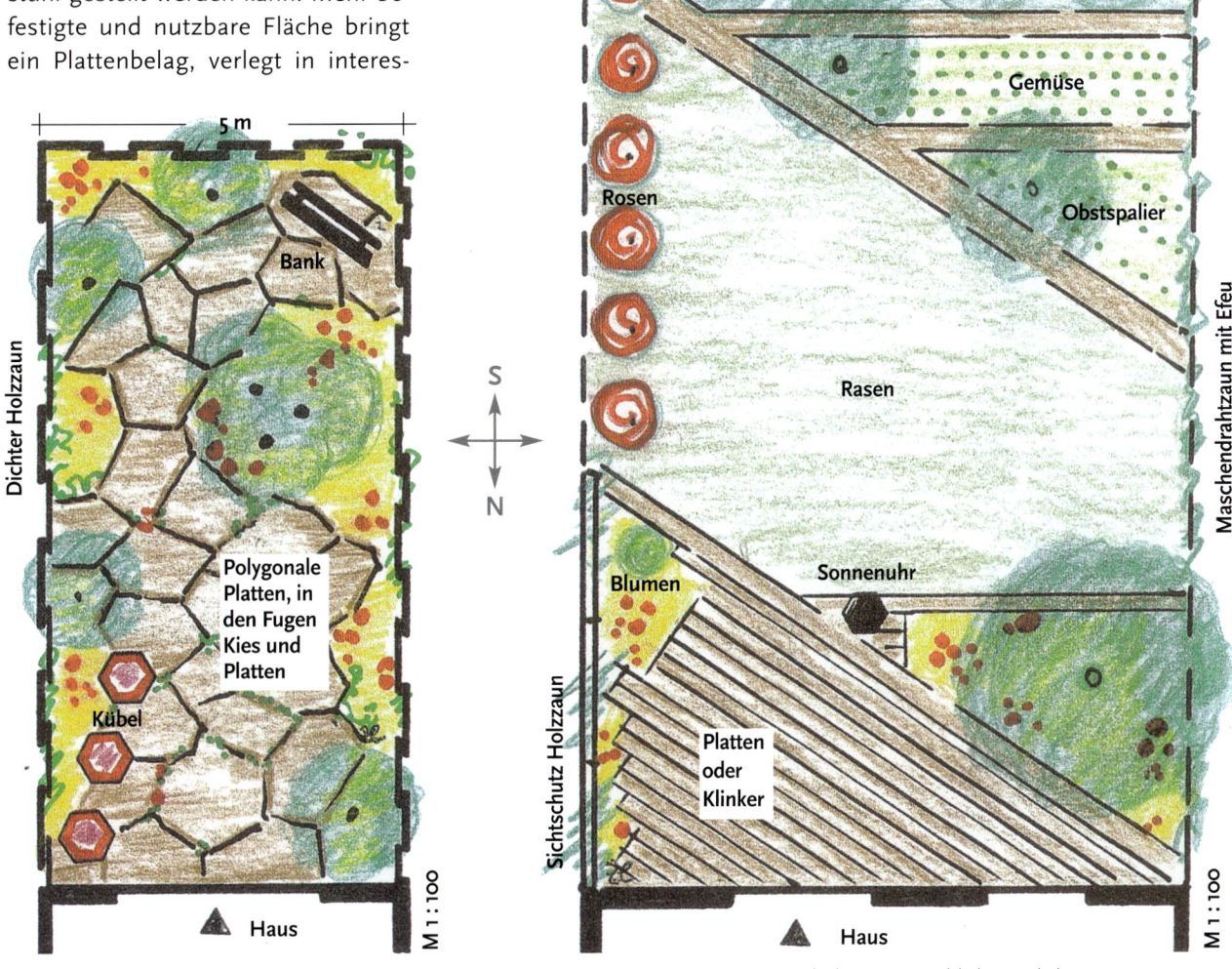

OBEN LINKS Bruchraue polygonale Natursteinplatten haben verlegt viele verschieden große Fugen. Nicht mit Zement ausfugen sondern bepflanzen, das gibt eine begrünte, zeitweise blühende befestigte Fläche.

OBEN RECHTS Durch die diagonale Unterteilung des Grundstückes ergeben sich interessante Flächen für die Terrasse, den Rasen (ca. 40 m²) und die Naschecke. Terrasse und Wege könnten mit Klinkern belegt sein. Die Bepflanzung ist schlicht: Ein lichter Hausbaum, darunter Stauden, am Zaun Kletterpflanzen und Strauchrosen. Als Abschirmung nach hinten kleine Apfelbäume und Beerenobst.

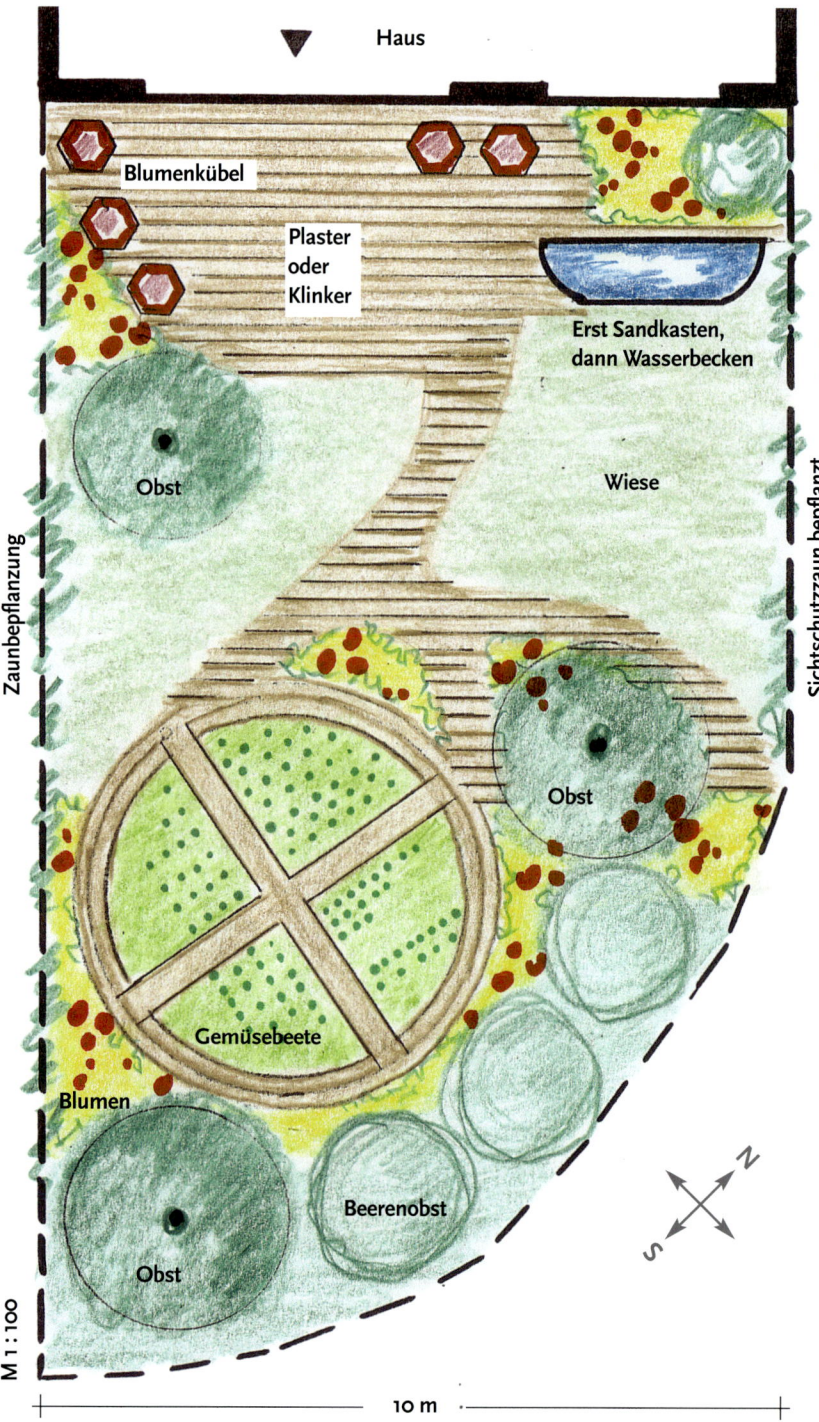

Haus

Blumenkübel

Plaster
oder
Klinker

Erst Sandkasten,
dann Wasserbecken

Zaunbepflanzung

Obst

Wiese

Sichtschutzzaun bepflanzt

Gemüsebeete

Obst

Blumen

Beerenobst

Obst

M 1 : 100

10 m

RECHTS Rundungen lassen sich am besten mit kleinformatigen Steinen (Naturstein, Betonpflaster oder Klinker) legen. Von der halbrunden Terrasse kommen Sie auf geschwungenem Weg durch eine Blumenwiese zum Gemüserondell. Hier kann jedes Familienmitglied ein Beet bekommen und etwas ausprobieren.

lichkeiten bereits bei der Planung der Anlage.

Dem kindlichen Bewegungsdrang muss ebenfalls Rechnung getragen werden. Vielleicht gibt es einen kleinen Roller oder ein Dreirad, mit dem auf den Wegen herumgefahren werden kann. Außerdem sollte auf jeden Fall ein Saat- und Pflanzbeet hergerichtet werden, auch wenn die Begeisterung für dessen Bearbeitung sehr schwanken wird. Die Erwachsenen werden bei der Pflege insgeheim ein wenig nachhelfen, damit die Kinderfreude an den schönen selbstgezogenen Blumen nicht zu früh durch die Enttäuschung über die „Supermacht Unkraut" getrübt wird.

Ein Kinderhaus, ein Baumhaus
oder wenigstens der Platz für ein Zelt (für die größeren und mutigen Kinder) sollte mit eingeplant werden, sie bieten ungeahnte Spielmöglichkeiten, wenn man den Kindern die Freiheit dazu lässt.

Freilich darf bei so viel kindlichen Aktivitäten der Anspruch an den Rasen nicht zu hoch angesetzt werden. Eine Kräuterwiese mit Blumen, Gras und Moos dürfte wohl das sein, was sich von selbst einstellen wird, und wir täten gut daran uns damit abzufinden.

len sich verstecken können, ein Lager bauen oder Löcher graben und nicht immerzu aufräumen müssen. Eine große Sandfläche mit viel Sand muss unbedingt in der Nähe der Terrasse angelegt werden, vielleicht lassen sich Vater oder Mutter dann auch mal überreden mitzuspielen. Später kann

der Sandplatz dann in ein Blumenbeet umgewandelt werden, vielleicht auch in ein sprudelndes Wasserbecken. Oder Sie benutzen den Platz, um die Terrasse zu vergrößern, was nötig sein wird, wenn die Kinder mit ihren Freunden zu Hause auftauchen werden. Bedenken Sie all diese Mög-

Einen Plan leicht selbst zeichnen

Zeichnen Sie Ihr Grundstück im Maßstab 1:100 (ein Meter draußen ist 1 cm auf dem Plan). Tragen Sie dann ein, was an Ausstattung vorhanden ist: Bäume, Sträucher, Sichtschutzzaun, Terrasse oder anderes. Auch die Lage des Hauses, seine Fenster und Türen im Erdgeschoss sind wichtig. Auf einem durchsichtigen Papier zeichnen Sie sich ab, was Sie gerne im Garten hätten (Hecke, Sandplatz, Kompost ...), schneiden es aus und schieben es auf dem Plan umher, bis alles hineinpasst oder Sie merken, dass Sie nicht alles unterbringen.

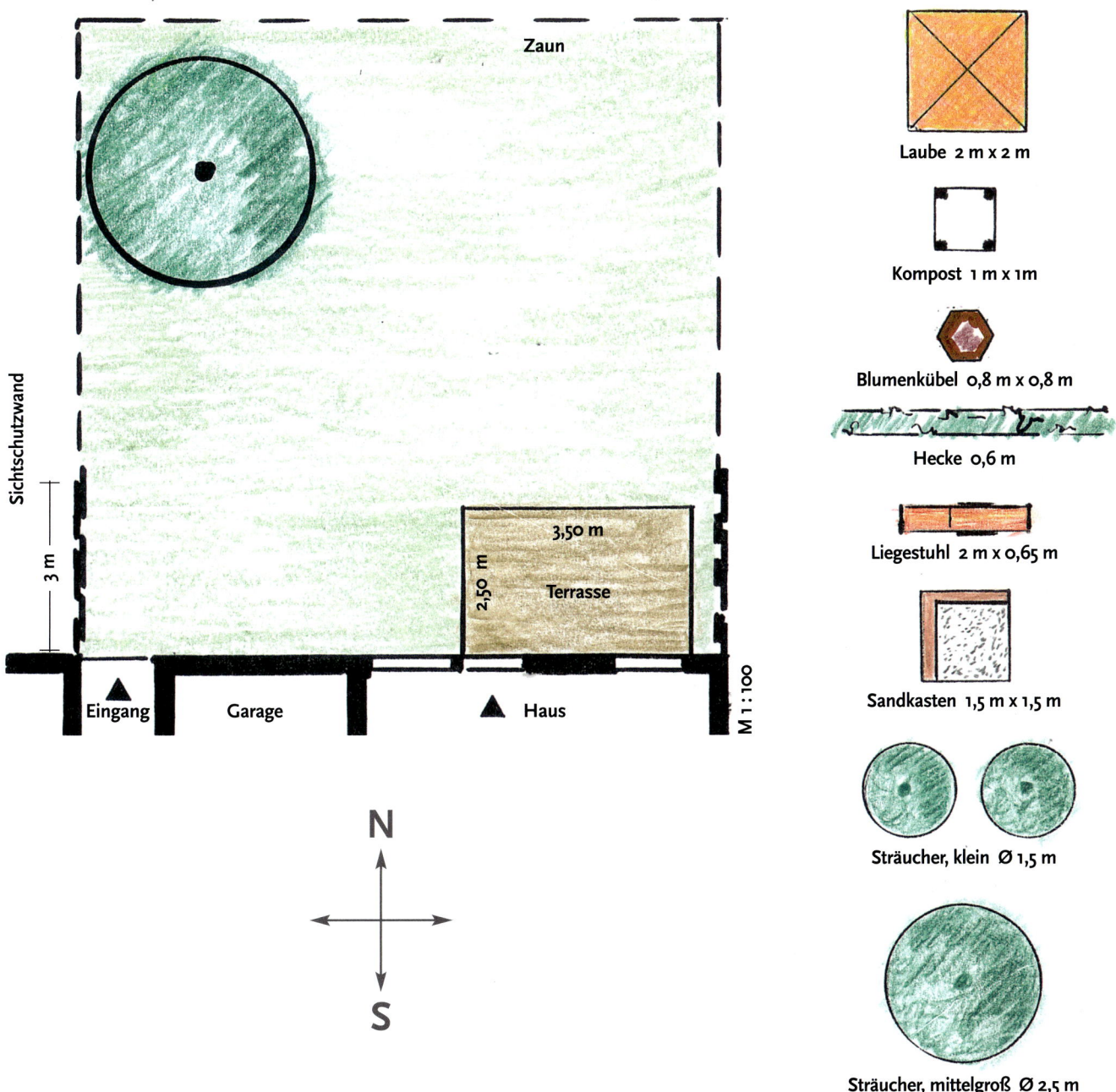

Zaun

Sichtschutzwand

3 m

3,50 m

2,50 m

Terrasse

Eingang　**Garage**　▲ **Haus**

M 1 : 100

N

S

Laube 2 m x 2 m

Kompost 1 m x 1m

Blumenkübel 0,8 m x 0,8 m

Hecke 0,6 m

Liegestuhl 2 m x 0,65 m

Sandkasten 1,5 m x 1,5 m

Sträucher, klein Ø 1,5 m

Sträucher, mittelgroß Ø 2,5 m

OBEN Von der freien, offenen Fläche führt ein gewundener Weg nach hinten ins Dunkle, wo die Gartenbepflanzung niedriger wird (die äußere hohe Kulisse bildet den Rahmen), aber mit allerlei hellen Punkten durchsetzt ist. Wichtig für die optische Täuschung ist das durch zwei Pfosten markierte vermeintliche Tor und die hellen Hortensienblüten im Hintergrund.

Tricks, die den Garten vergrößern

Bewohner einer Dachterrasse brauchen sich gar keine Gedanken über eine Vergrößerung ihres Gartens zu machen — sie haben „pflegeleichte" Ausblicke nach mehreren Seiten und brauchen sich nur um die schmückenden Details vor ihren Balkontüren zu kümmern. Näher am Erdboden kommt schon eher ab und zu der Wunsch nach einem etwas größeren Garten auf, zumal wenn man Spaß daran gefunden hat, sich dort aufzuhalten. Leider beziehen sich unsere Tricks nur auf die optische Gartenvergrößerung, weitere Möglichkeiten seien anderen Experten überlassen.

Ist Ihr Garten vielleicht mit einer Mauer oder einem undurchsichtigen Holzzaun umgeben, so prüfen Sie, ob Sie nicht an einer Stelle Öffnungen in die Wand machen können, ovale oder rechteckige. Wenn Fenster in einer Mauer sind, kann man hinausschauen, und die Welt wird größer. Es gibt im Holzhandel vorgefertigte Zaunelemente mit Fensteröffnungen.

Auf eine geputzte Mauer könnten Sie Bilder malen (lassen), ähnlich der Lüftlmalerei im Alpenraum, etwa Bilder von einer Traumlandschaft, Seen, einzelne Bäume, Gräser oder weite Felder. Der

OBEN Bei dieser Wegführung drängt sich der Eindruck auf, als würde der Weg noch viel weiter gehen. Besonders unterstützt wird die optische Führung durch die verwendeten Materialien. Das schmale Kleinpflasterband in der Mitte des Weges verstärkt den „Sog" um die Kurve nach hinten.

LINKS Ein Mehr an Rosen oder gar ein Rosenmeer? Mit diesem bemalten Paravent wird Ihr kleiner Rosengarten größer. Wenn auch nur fürs Auge.

umgebende reale Gartenbereich müsste dann passend im Stil dazu bepflanzt werden.

Illusionen oder optische Täuschungen können auch mit Farben erzeugt werden. Bekannt ist, dass dunkles Blau eine große Tiefenwirkung hat, es zieht den Blick nach hinten. Gelb, Weiß oder Orange davor gesetzt, verstärkt die Tiefenwirkung. So können Sie mit Blütenfarben Räume schaffen. Auch Hell-Dunkel-Kontraste erzeugen Tiefe. Wenn Sie aus einem schattigen Bereich wie durch ein Fenster ins Helle schauen, wirkt der Lichtpunkt „draußen" sehr viel weiter entfernt, als er tatsächlich ist. Sehr stark raumbildend wirken diagonale oder leicht geschwungene Linien, deren Verlauf man mit dem Auge nicht ganz verfolgen kann. Sie machen neugierig und man glaubt, es gehe dort hinten noch viel weiter. Etwas Geschick und Pflanzenkenntnis brauchen Sie, wenn Sie die Perspektive verstärken wollen, wenn Sie also vorne zum Beispiel in Terrassennähe große Pflanzen setzen und nach hinten am Grundstücksende betont kleinere, so dass der Eindruck entsteht, als stünden sie sehr weit entfernt.

Ein geradezu klassischer Trick, um Illusion von Größe und Tiefe zu erzeugen, ist der Bau von Kulissen, wie es aus dem Theater bekannt ist. Wenn Sie erreichen möchten, dass Ihr Garten nicht mit einem Blick überschaubar wird, ist eine der Möglichkeiten darin Hindernisse aufzubauen, welche die Aufmerksamkeit auf sich ziehen und neugierig machen. Diese Hindernisse sollten natürlich attraktiv sein, damit man sie gerne anschaut.
Mit Hilfe von schmalen Hecken, bewachsenen Pergolen oder Rankgittern, senkrecht gestellten Holzpfosten oder farbigen Stäben (Höhe etwa 120 bis 150 cm) lassen sich kleine Räume bilden, die alle ein anderes Thema haben.

Das kann Farbe sein (der Raum der roten, weißen, gelben oder blauen Blumen), das kann Kunst sein oder ein Raum für Erinnerungsstücke aus dem Urlaub: Steine aus dem Gebirge, hübsche Schalen gefüllt mit rund geschliffenen Kieseln oder farbigem Sand vom Badeurlaub am Meer, bizarre Wurzeln aus dem Wald oder was Ihnen sonst sammelbar und mitnehmenswert erscheint. Sie könnten auch eine Nische schaffen in der ein Wasserspiel plätschert, etwas verwunschen umgeben von duftenden Blumen, oder ein ruhiges kleines Rasenzimmerchen, das zum Betrachten der Gänseblümchen einlädt.

Wenn Sie durch diese vielen „kleinen Zimmer" in Ihrem Garten gehen, haben Sie sicher das subjektive Gefühl, dass dort sehr viel geboten wird und dass Sie einen sehr großen Garten haben, in dem viel getan werden muss, damit alle Bereiche gut gepflegt und ansehnlich wirken.

OBEN Eine helle Bepflanzung vor dunklem Hintergrund bedeutet für unsere Empfindung, dass der Raum sich vergrößert. Der Abstand zwischen den hinten stehenden Büschen und der Vorpflanzung erscheint größer, als er tatsächlich ist.

LINKS Dieser Grundrissplan eines kleinen Gartens zeigt, wie Sie Hecken (aus schmalen Lebensbäumen, Buchs, Eiben oder bewachsenen Drahtzäunen) so anordnen können, dass kleine Räume entstehen, die nicht sogleich eingesehen werden können. In jedem Raum geschieht etwas, man wird weiter und weiter geführt.

Fehler, die oft gemacht werden

Einen schlimmen Fehler, an dessen Folgen Gartenbesitzer jahrelang zu leiden haben, weil er fast nicht wieder gutzumachen ist, begeht man gleich zu Anfang seines Gartenlebens: Es fehlt den Bauherren meist die Kraft einer Baufirma, die hastig das vermeintlich fertige Gelände verlassen will, eine gründliche Bodenlockerung abzutrotzen. Mit dem Argument, das erledige schon der Frost, hinterlässt sie einen durch den Baubetrieb verdreckten und festgefahrenen Unterboden, auf den ein mitunter zweifelhafter Mutterboden aufgeschüttet wird. Mancher von Ihnen kennt sicher die Überraschungen, die beim Ausheben von Pflanzlöchern zu Tage gefördert werden. Bleiben Sie hart gegenüber Baufirmen!

Ein weiterer Fehler, der auch erst spät bemerkt wird, rührt daher, dass selten Klarheit über das Größenwachstum der Gehölze besteht. Beachten Sie bei der Auswahl von Bäumen und Sträuchern für Ihren Garten unbedingt die Angaben in den Katalogen und Fachbüchern und lassen Sie sich von niemandem eine Pflanze aufdrängen, die schnell groß und dicht wird. Der Ärger mit den Nachbarn ist Ihnen sicher und Sie werden immer wieder an den Pflanzen herumschneiden müssen, damit Sie sie in angemessener Größe halten.

Ein häufiger Fehler bei Rosen ist, sie zu dicht zu pflanzen. Die Büsche können sich nicht frei entwickeln und müssen jährlich stark zurückgeschnitten werden. Hohe Düngergaben tragen außerdem dazu bei, dass die Triebe weich und saftig werden – die ideale Nahrung für Schädlinge. Rosen benötigen einen freien Platz, über den der Wind streichen kann, einen offenen, aber gemulchten Boden und viel Sonne.

OBEN Dass diese Rosen noch so gut blühen ist die Folge von großem Pflegeaufwand. Sie stehen zu dicht und können nicht durch den Lavendel, sondern nur durch chemische Mittel vor massivem Pilzbefall geschützt werden.

Die häufigsten Fehler

Gehölze	Zu dicht an die Grenze pflanzen: wenigstens 150 cm Abstand, Bäume 200 cm
Gehölze schneiden	Lange Aststümpfe stehen lassen. Folge: Wunden verheilen nicht, Pilze dringen ein
Pflanzen	An den falschen Standort setzen wie Rhododendron in Lehm, Sommerblumen in Schatten
Immergrüne Pflanzen	Der Wintersonne aussetzen. Folge: Frosttrocknis
Material	Zu viele verschiedene Materialien auf kleinem Raum verwenden (Baustoffsammlung)
Steingarten	Große Steine nicht auf den Boden legen sondern aus dem Boden herausragen lassen
Wege	So führen, dass spitze Winkel entstehen. Folge: Sie werden abgetreten

Sie werden auf den folgenden Seiten viele Beispiele und
Anregungen finden, die Sie
in Ihrem Garten zusammen-
stellen können und hoffentlich auf diesem Weg zu Ihrem
Traumgarten gelangen.
Möge es ein farbenfroher,
vielfältig nutzbarer und inte-
ressanter Ort werden, an
dem Sie, Ihre Familie und Ihre
Freunde sich gerne und oft
aufhalten werden.

100 Ideen

Schöne Sitzplätze und Leseecken

UNTEN Man spürt förmlich die festliche Atmosphäre, die von diesem geschmückten Sitzplatz ausgeht und würde sich am liebsten sofort an den Tisch setzen. Hier können Sie sehen, wie durch geschicktes Arrangieren von mobilem Grün Intimität geschaffen werden kann. Besonders stimmungsvoll wirken im ersten Dämmerschein eines Sommerabends (der Blauen Stunde) die weißen Blüten und die Kerzen.

Das Selbstverständlichste der Welt ist ein Sitzplatz im Freien. Sie können eigentlich überall sitzen. Auf dem Marktplatz, auf einer Parkbank, vor dem Rathaus, an der Bushaltestelle, auf einem Berggipfel, in Ihrem Auto, auf einem Parkplatz, in der Wiese an einem See, im U-Bahnhof oder einem Straßencafé. Sie wählen sich einfach ein geeignetes Plätzchen heraus, an dem Sie sich vorübergehend einmal erholen möchten.

Bei einem Sitzplatz im eigenen kleinen Garten ist das vielleicht etwas anders. Seine Auswahl und Gestaltung will wohl überlegt sein. Meist wird er in Zusammenhang mit der Terrasse gesehen, nahe dem Ausgang aus dem Wohnzimmer und dem Schutz des Hauses. Hat man das Bedürfnis nach einem weiteren Ort, an dem man sich im Freien aufhalten möchte, können mehrere Möglichkeiten in Betracht gezogen werden: Am einfachsten ist es, wenn Sie Ihren Gartenstuhl oder die Liege direkt in den Rasen stellen. Etwa unter einen duftenden Fliederstrauch oder des abends dicht neben einen Kübel mit blühenden Engelstrompeten oder ihn mit der wandernden Sonne (oder dem wandernden Schatten) durch den Garten bewegen.

Eine kleine Platten- oder Kiesfläche kann einen Fixpunkt bilden, an dem Sie Ihren Gartenstuhl immer zu stehen haben, wo Sie vielleicht häufig zur gleichen Zeit Ihre Siesta halten und wo Wärme, Licht- und Windverhältnisse um diese Zeit immer ideal sind. Der Stuhl könnte darüber hinaus lustig bunt angestrichen sein, so dass er einen fröhlichen Blickpunkt bildet, auch wenn gerade niemand darauf sitzt. Überhaupt: Keine Angst vor Farben! Wenn Sie sich in der Natur oder auch nur in Ihrem Garten einmal bewusst umschauen, werden Sie feststellen, dass Grün eine ganz wundervolle Farbe ist. Es gibt keine Blütenfarbe, die nicht zu ihrem Blattwerk passt, auch wenn das Grün der Blätter sehr unterschiedlich sein kann. Je kleiner ein Garten ist, desto mutiger dürfen Sie sein. Jede Farbe passt zu Grün, auch zu Herbstfarben, zu Nebelgrau und Schneeweiß.

Zu Hause werden Sie nicht das Bedürfnis haben, wie in einem Pariser Straßencafé gut gesehen zu werden oder wie auf einem Berggipfel, die weite Aussicht genießen zu wollen. Vielmehr werden Sie Geborgenheit und Intimität suchen. Bedenken Sie deshalb, dass Sie einen guten Sichtschutz dort vorsehen, wo Sie später sitzen möchten (einen Holzzaun, eine dichte Bepflanzung, eine Mauer, die Aufstellungsmöglichkeit für einen Paravent oder ein Stoffsegel).

Sie können sich auch einen bedeutenderen Sitzplatz in einer entfernteren Ecke des Gartens schaffen, der einem besonderen Thema gewidmet ist. Es könnte ein Grillplatz sein, ein Platz mit einer plätschernden Wasserstelle oder mit einem kleinen Beet Ihrer Lieblingspflanzen, mit hübschen Steinen, Erinnerungsstücken oder Kunstwerken dekoriert – Ihren eigenen fantasievollen Einfällen sind überhaupt keine Grenzen gesetzt.

Vielleicht sollten Sie bei der Gestaltung des Sitz- und Entspannungsplätzchens noch eines bedenken: Richten Sie es so aus, dass Sie während Ihres Aufenthaltes dort nicht sehen, wie viel Arbeit hier oder dort noch zu erledigen ist – Ihre Erholung wäre dann mit Sicherheit etwas gestört.

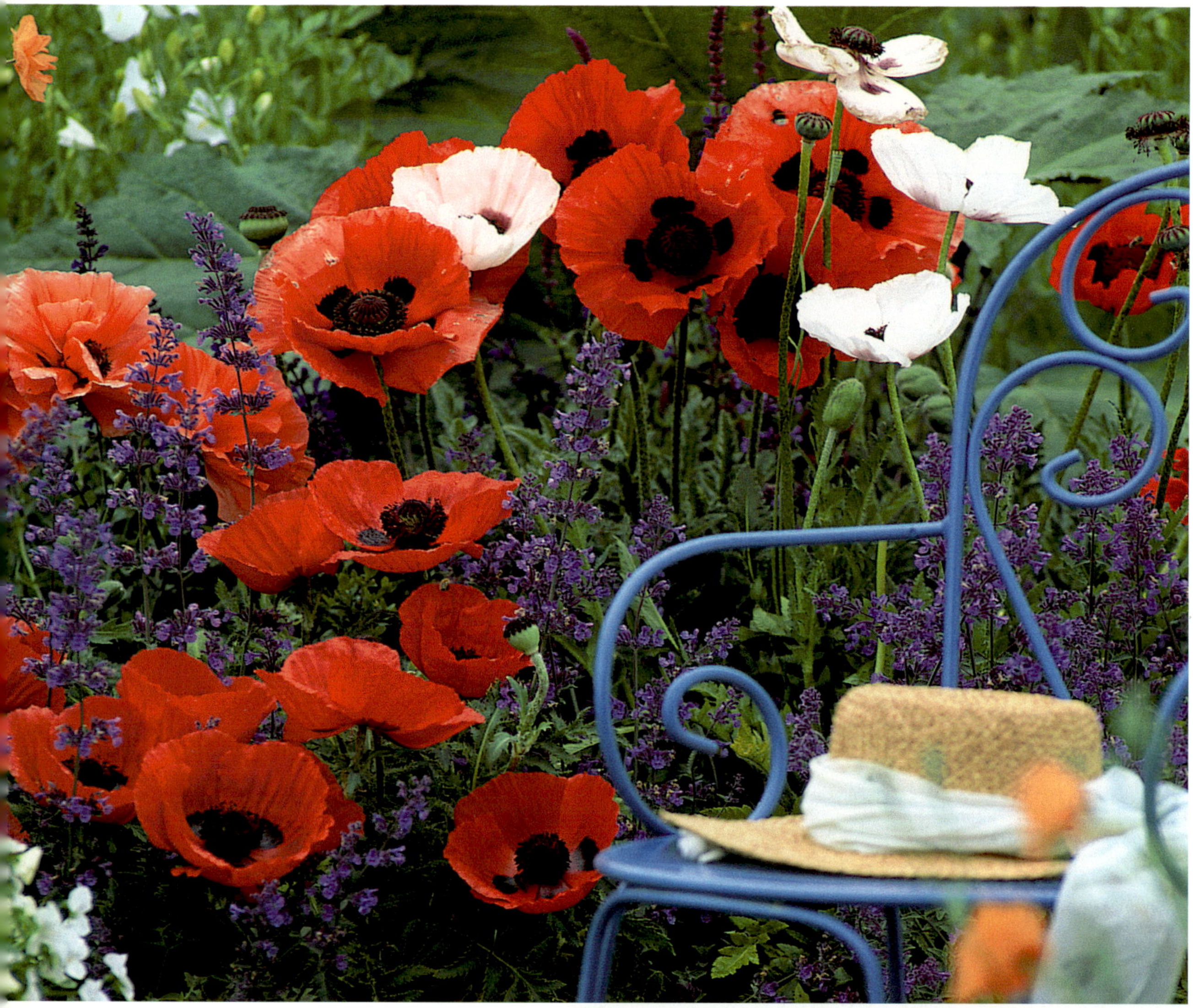

Links Etwas Herrliches sind temporäre Sitzplätze an Stellen, an denen es einmal im Jahr besonders schön ist. Hier zwischen dem leuchtend roten Mohn zu sitzen und den Bienen zuzuschauen ist wirklich ein tolles Erlebnis.

Rechts Ein Stuhl auf dem Rasen, Blumen rundherum, was braucht man mehr für ein paar Stunden erholsamen Ausruhens.

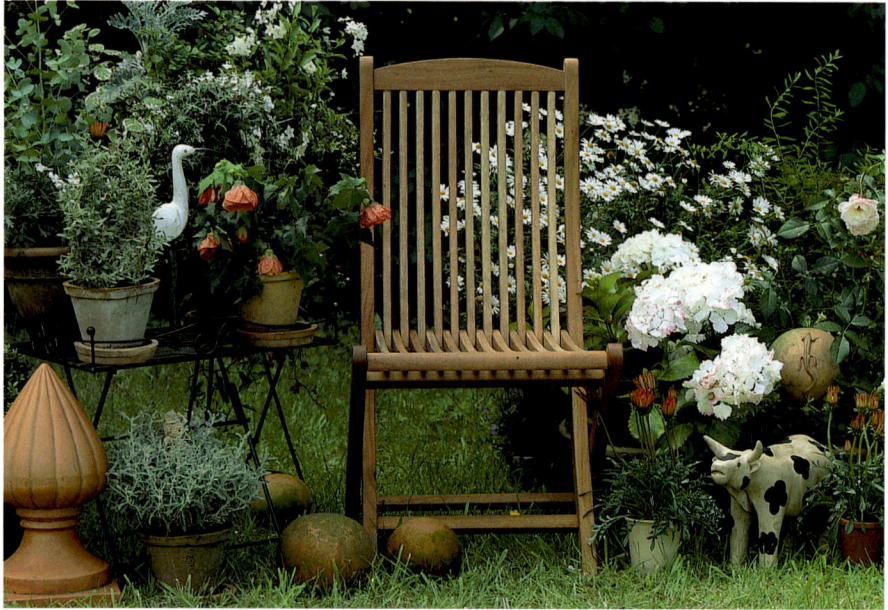

UNTEN Die üppige Entwicklung der Wandelröschen erlaubt eine geschlossene Abgrenzung des Sitzplatzes zur Landschaft. Es ist möglich, dass sie in kalten Sommern weniger dicht ist. Auf jeden Fall bildet sie zusammen mit dem violett blühenden Enzianstrauch (*Lycianthes rantonnettii*) und den orangefarbenen Gartenmöbeln eine bemerkenswerte Farbkomposition.

RECHTS Wenn Ihnen die Pflanzen als Gesellschaft im Garten nicht ausreichen, weil sie zum Beispiel im Winter wenig Aussagekraft haben, können Sie sie durch allerlei Tiere und anderes dauerhaftes „Mobiliar" ergänzen. So kann die Bank auch in grauer Winterzeit einen netten Blickpunkt im Garten bilden.

RECHTS Alle Hausbewohner, ob Mensch oder Tier, werden auch einen Platz im Garten beanspruchen. Denken Sie bereits bei der Gartenplanung an die Bedürfnisse oder Gewohnheiten Ihrer vierbeinigen Mitbewohner.

OBEN Es dürfte wohl niemanden geben, der sich beim Anblick dieses Bildes der Faszination der roten Früchte entziehen kann! Pflegen Sie sie gut, damit sie reichlich tragen!

Gartenparadiese für Kinder

Die Wertschätzung, die wir unseren kleinsten Mitmenschen entgegenbringen, findet ihren deutlichsten Ausdruck in Art und Größe der Spielfläche, die wir ihnen zur Verfügung stellen. Der erste und wertvollste Spielbereich liegt naturgemäß im Wohnzimmer, bei der Mutter, er sollte jedoch so bald wie möglich eine Entsprechung im Freien finden. Genauso wie Sie im Haus einen Bereich als Aktionsfläche für Ihr Kind frei räumen, können Sie ihm auch einen kleinen Teil des Gartens zur Verfügung stellen, aber den in unmittelbarer Wohnungsnähe, denn der Aktionsradius ist in den ersten Jahren noch nicht sehr groß. Diese Spielfläche wird wahrscheinlich nur für Kinder bis zum Vorschulalter interessant sein, Größeren bietet Ihr kleiner Garten nicht mehr genug Raum, außerdem ändern sich mit zunehmendem Alter die Spielgewohnheiten.

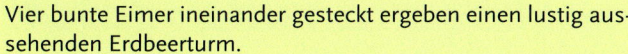

Vier bunte Eimer ineinander gesteckt ergeben einen lustig aussehenden Erdbeerturm.

1. Bohren Sie in jeden Eimer ein Loch von 1 cm Durchmesser, bedecken Sie den Eimerboden mit Ziegelbrocken oder grobem Kies und legen Sie darüber ein wasserdurchlässiges Vlies. Dann wird jeder Eimer etwa zur Hälfte mit Balkonkastenerde gefüllt.

2. Die vier Eimer werden ineinander gestellt. Hängeerdbeeren können Sie im August oder im zeitigen Frühjahr kaufen und vorsichtig in die Abstände zwischen den Eimern pflanzen. Gut mit Erde auffüllen, andrücken und kräftig wässern.

3. Im Laufe des Sommers bis zum Herbst das Düngen nicht vergessen. Im Winter den Eimerturm mit einer Strohmatte umgeben an einem geschützten Ort im Freien aufstellen.

Beliebte Pflanzen für Ihren „Kindergarten"

Deutscher Name	Pflanzenabstand	Pflege	Ernte
Ballerina-Apfel	100 x 100 cm	in gute Erde pflanzen	September
Cocktailtomate	50 x 50 cm	viel wässern und düngen	Juli bis Oktober
Dahlie	50 x 50 cm	viel düngen – Vorsicht Schnecken!	blüht von Juni bis Frost
Erdbeere	20 x 20 cm	Kompostgaben, alle 3 Jahre umpflanzen	Juni
Kapuzinerkresse	50 x 50 cm	viel wässern, düngen	Juli bis Frost
Radieschen	5 x 15 cm	viel wässern	Mai bis August
Ringelblume	10 x 10 cm	oft Selbstaussaat	Juni bis Frost
Salat	25 x 25 cm	Jungpflanzen kaufen, wässern	Juni
Sonnenblume	50 x 50 cm	düngen	August
Stangebohnen	30 x 30 cm	Stangen aufstellen	August
Zucchini	100 x 100 cm	viel wässern und düngen	Juli bis Frost
Zuckermais	60 x 60 cm	wässern, düngen	August bis September

LINKS Man muss als kleiner Erdenbürger mit großer Ausdauer den Erwachsenen ein Stückchen Erde abtrotzen. Die bauen ja doch nur Gemüse an, was gar nicht so gut schmeckt. Weil der Sommer schon ziemlich weit fortgeschritten ist, müssen schnell noch ein paar Radieschen ausgesät werden, hoffentlich werden sie noch dick. Ich darf diesmal wirklich nicht vergessen, sie immer gut feucht zu halten.

Das Spielen im Sand gehört für die Kleinen zu den beliebtesten und pädagogisch wertvollsten Beschäftigungen. Am meisten verbreitet ist deshalb der Sandkasten, leider häufig nur in Miniaturgröße, gerade recht für zwei Hunde oder Katzen, aber nicht für das Spiel mehrerer Kinder. Da die Kleinen nicht immerfort auf einem Fleck sitzen und Sandkuchen formen wollen, sondern mit besonderem Vergnügen Burgen und Tunnels bauen, sowie Gräben und Wasserkanäle anlegen, brauchen sie viel Platz. Warum nicht statt des kleinen Kastens (der zum Wasserbecken um-

Giftpflanzen – besser nicht!

Deuscher Name	Verwendung	Merkmale
Aronstab	Schattenpflanze	Blüten weiß, trichterförmig; rote Beeren im Herbst
Buchs	Hecke, Kübelpflanze	immergrün
Blauer Eisenhut	Schattenpflanze	Blüten blau
Eibe	Immergrüner Schattenstrauch	rote Beeren im Herbst
Engelstrompete	Kübelpflanze	Blüten gelb, orange
Fingerhut	Schattenpflanze	Blüten hellviolett
Ginster	Strauch	Blüten gelb
Goldregen	Strauch	Blüten gelb
Herbstzeitlose	Zwiebelblume	Blüte im Oktober, zartlila, Blätter im Mai, Juni
Maiglöckchen	Staude	Blüten weiß, Beeren rot
Oleander	Kübelpflanze	Blüten rosarot, weiß
Rizinus	Sommerblume	Blüten kugelförmig
Sadebaum	Strauch	auffallende Früchte
Stechpalme	Strauch	immergrün
Schneebeere	Strauch	Beeren weiß, sommergrün
Seidelbast	niedriger Strauch	Blüten rosa, Beeren rot

funktioniert werden kann) eine größere Sandfläche anlegen, einen Sandhaufen, der den halben Garten einnimmt und der später zu einem Steingarten oder einem Steppenbeet mit trockenheitsliebenden Pflanzen umgestaltet werden kann. Übrigens haben Untersuchungen an öffentlichen Spielplätzen gezeigt, dass große Sandflächen nicht so gerne als Hunde- oder Katzenklos angenommen werden, wie kleine Sandkästen mit ihren Ecken und Winkeln.

Wasser ist bei den Kleinen ebenso beliebt wie Sand. Besonders toll ist es, wenn man gleichzeitig mit beidem spielen kann und die Eltern vom Resultat genauso begeistert sind, wie die Sprößlinge. Ein umgelegter Kletterbaum mit starken Ästen, Balancierbalken, eine Schaukel etwas abseits vom Bewegungsspielbereich, eine Wäscheleine, an der ein Vorhang zum Theaterspielen aufgehängt werden kann, ein Gartenschlauch als Dusche in den Baum ge-

hängt, all dies und manches mehr kann im kleinen Garten zur Freude der Kinder untergebracht werden.

Wie bei uns Erwachsenen ist auch bei den Kindern die Freude, hinaus in den Garten gehen zu können, im Frühjahr am größten. Vielleicht haben Sie im Herbst schon daran gedacht zusammen ein Kinderbeet anzulegen, auf dem die ersten Schneeglöckchen oder Winterlinge begrüßt werden können. Nicht alle Kinder interessieren sich für die Vorgänge im Garten und auch nicht während des ganzen Jahres. Aber sollten Sie dieses Interesse wecken wollen, ist es sicher gut, eine Zeit lang eine Stelle im Garten vorzuhalten, auf der die Kleinen experimentieren dürfen. Radieschen, Erdbeeren, Sonnenblumen oder Stangenbohnen sind die klassischen, einfach zu kultivierenden „Kinderpflanzen". Wichtig ist, dass es etwas zu ernten gibt, was man essen oder pflücken und voller Stolz herumzeigen kann.

Auch sollten hier weder ein Schmetterlingsstrauch, noch ein Vogelkasten oder ein Futterhäuschen fehlen, damit sich auch die Tiere ihre Nahrung im Garten holen können.

Wenn Sie eigene Haustiere haben, müssen Sie natürlich Ihren Garten auch ein wenig auf deren Bedürfnisse abstimmen, damit Sie sich nicht gar zu sehr über deren Schandtaten ärgern müssen. Also, mit der Anlage eines anspruchsvollen und empfindlichen Gartens warten, bis die Kinder groß und die Tiere alt geworden sind!

UNTEN Größere Buben stellen größere Ansprüche an Wasser im Garten. Seine Fläche muss wenigstens für einen zünftigen Stapellauf geeignet sein. Ein solcher Steg ist für kleine Gärten fast zu groß.

Bunte Küchengärten

In kleinen Gärten sollte ein Küchengarten nicht nach Arbeit und maximaler Pflanzenproduktion aussehen, sondern vielmehr ein nettes kleines Eckchen sein, das sowohl für Gaumen und Magen, als auch für Auge und Herz Erfreuliches bietet.

Zaubern Sie sich ein fröhliches Durcheinander aus verschieden gefärbten und geformten Gemüse- und Kräuterarten und „streuen" Sie ein paar Blumen dazwischen. Ringelblumen, Jungfer im Grünen, Kosmeen, Tagetes, Mohn oder Sonnenblumen sind dafür besonders geeignet, denn sie nehmen den „Nutzpflanzen" nicht sehr viel Platz und Licht weg.
Der Bodenvorbereitung Ihres Küchengartens sollten Sie etwas Aufmerksamkeit widmen, wenn Sie Wert auf gute und zügige Pflanzenentwicklung legen (siehe auch Seite 73).

Leider ist in kleinen Gärten die Herstellung von Kompost und Pflanzenjauchen aus Platz- und Geruchsgründen nicht ratsam. Am einfachsten und wirkungsvollsten fördern und erhalten Sie die Bodenfruchtbarkeit deshalb mit Gründüngung, organischen Volldüngern und Bodenverbesserungsmitteln aus Algen, Holzasche oder Gesteinsmehl.

Gründüngung kann vor oder nach der Gartenkultur ausgesät werden. Es gibt im Handel Kleinpackungen verschiedener Hersteller mit unterschiedlichen Samenmischungen zum Beispiel „Grünhumus" für leichte und „Grünaktiv" für schwere Böden oder „Schnellgrüner" zur Stickstoffsammlung. Viele dieser Gründüngungspflanzen sind nicht nur nützlich, sondern auch dekorativ wie die gelbe Lupine, der rote Inkarnatklee oder der blaue Bienenfreund *(Phacelia)*.

Ein wertvolles Naturprodukt ist der Algendünger, der besonders wegen seines hohen Gehaltes an Spurenelementen entscheidend zur Förderung der so wichtigen Bodenlebewesen beiträgt und auch die Widerstandsfähigkeit der Pflanzen stärkt.
Sollten Sie einen Kamin oder Kachelofen besitzen, so werfen Sie die Holzasche nicht achtlos in die Mülltonne. Die Holzkohle enthält viele Spurenelemente und wirkt, dünn ausgebracht, fäulnishemmend, stärkt aber auch die Pflanzen und deren Früchte.
Mit Gesteinsmehl können Sie praktisch keine Düngefehler machen. Wie kein anderes Präparat bildet es einen Düngevorrat im Boden, der nur ganz langsam aufgezehrt wird. Wasser und Nährstoffe werden besser festgehalten und die Bodenfruchtbarkeit wird erhöht.
Selbstverständlich können Sie auch Mineraldünger, die schnellen Helfer, in Ih-

LINKS Variable, schnell abtrocknende Holzstege führen durch diese üppigen Beete voller bunter Gemüse und Blumen von großer Farben- und Formenvielfalt. Hübsch sind die leuchtend orange und gelben Dahlien im Hintergrund.

Links Bunte Vielfalt im Küchengarten – Kleine Beete wirken lebendig, wenn Sie mit verschiedenen Blattformen, Grüntönen und bunten Gemüse spielen. Abgeerntetes aber gleich wieder neu bepflanzen, sonst leidet das Gesamtbild.

Pflegeleichtes Gemüse zur Direktaussaat

Deutscher Name	Aussaat	Ernte	Hinweise
Feldsalat	VIII bis IX	Herbst bis Frühling	Saat in Reihen, Abdecken mit Fichtenreisig
Radieschen	III bis IV, V bis VII	während des Sommers	auf Früh- und Sommersorten achten, viel gießen
Rote Beete	V bis VI	VIII bis X	anspruchslos
Salat, Pflück-	ab IV	während des Sommers	stets untere Blätter pflücken
Stangenbohnen	Mitte V	ab VIII	regelmäßig wässern, Tippi bauen

Pflegeleichtes Gemüse zur Pflanzung

Deutscher Name	Pflanzung	Ernte	Hinweise
Grünkohl	VI bis VIII	nach dem ersten Frost	niedrige Sorten verwenden, düngen
Lauch	ab IV	Herbst bis Frühling	gut feucht halten, regelmäßig düngen
Mangold	ab IV	während des Sommers	Stängel wie Spargel, Blätter wie Spinat verwenden
Tomaten	ab V	während des Sommers	hoher Wärme-, Wasser- und Nährstoffbedarf
Zucchini	IV bis V	während des Sommers	viel düngen und wässern, diverse Sorten

rem Garten verwenden. Halten Sie sich jedoch dabei genau an die Anwendungsvorschriften, allzu leicht kommt es zu Verbrennungen oder Überdüngung.

Die Mischkultur ist, wie bereits erwähnt, die einzig richtige Form auf kleinem Raum ein interessantes Küchengärtchen anzulegen. Es gibt zahlreiche „Rezepte", nach denen Pflanzen zusammengepflanzt werden können. Soll sich die Fruchtfolge über ein ganzes Jahr erstrecken, können Sie beispielsweise Zwiebeln und Möhren, Feldsalat und Spinat kombinieren oder Frühkartoffeln (später ersetzt durch Grünkohl und Lauch), Spinat, Radieschen und Kapuzinerkresse. Experimentieren Sie, probieren Sie jedes Jahr etwas anderes aus, mischen Sie roten Mangold mit gelben Pompondahlien oder Rote Bete mit Borretsch. Es wird sich die Frage des notwendigen Abstandes zwischen den Pflanzen ergeben, wählen Sie ihn eher zu groß als zu gering, es ist einfacher eine weitere Pflanze dazwischen zu setzen als eine zu prächtig gewachsene herauszunehmen.

Wenn Sie sich ein Gewächshaus anschaffen möchten, überlegen Sie zuerst, ob Ihnen ein völlig unbeheiztes, so genanntes Kalthaus ausreicht (zur Überwinterung von vielen Topfpflanzen aus dem Mittelmeerraum, für Feldsalat oder Spinat, die Sie dort nur bei lang anhaltenden tiefen Temperaturen mit Folie abdecken sollten). Oder ob Sie lieber ein frostfreies Kalthaus bewirtschaften wollen, in dem die Temperaturen nicht unter 5° C absinken. Die dafür nötige Elektro- oder Propangasheizung sollte über einen Thermostaten gesteuert werden. Der intensiv genutzte Boden im Gewächshaus bedarf besonderer Pflege. Der pH-Wert sollte zwischen 5,5 und 6,5 liegen (Bodenproben nehmen), und arbeiten Sie möglichst regelmäßig reifen Kompost auf den Beeten ein. Wenn Sie auch im Gewächshaus Mischkulturen anbauen, werden Sie nur geringen Schädlingsbefall haben.

RECHTS Die große Vielfalt in diesem Garten ist etwas für den erfahrenen Pflanzenliebhaber, der sein Grundstück geschickt nutzt. Geschützt vor der Gewächshauswand stehen im Freien die Tomaten und im Haus wartet in Aussaatschalen bereits die nächste Pflanzengeneration.

OBEN Vor der dunklen Natursteinmauer im Hintergrund herrscht ein mildes Kleinklima, man sieht es daran, wie gut die Artischocke gedeiht. Die mit geschnittenem Buchs eingefassten Beete sind mit Kräutern und Blumen bepflanzt.

RECHTS In diesem formal angelegten kleinen Küchengarten tummeln sich die verschiedensten Kräuter, in deren Gesellschaft nur Salat, Zucchini und Fenchel auf dem Hochbeet zugelassen sind. Zwischen den Platten fühlen sich Thymian, Origanum, Sonnenröschen (*Helianthemum*-Hybriden), Seifenkraut (*Saponaria officinalis*) und Salbei wohl.

Sichtschutz – schnell & gut

Es kommt vor, dass Nachbarn beschließen, ihre kleinen Gärten nicht durch Zäune voneinander zu trennen, sondern gemeinsam zu bewohnen und eine großzügige Gemeinschaftsfläche gestalten. Es wird sich herausstellen, dass diese Lösung für die Kinder herrlich ist, auch für gemeinsame Feste, dass aber dennoch jede Familie ihren eigenen, uneinsehbaren Gartenbereich braucht, in den sie sich zurückziehen kann.

Um diesen gegen Einblicke zu schützen, gibt es nahezu unendlich viele Möglichkeiten. Der große Bereich der Mauern, von den verschiedenartigsten Natursteinmauern bis zu Ziegel- oder verputzten Mauern, stellt die teuerste aber haltbarste Form des Sichtschutzes dar. Hohe Holzzäune oder Hecken bringen einen ähnlich guten Sichtschutz (gegen Lärm helfen sie nicht viel). Beide dürfen, auf die Grenze gesetzt, nicht höher als 180 cm sein und bedürfen der Genehmigung des Nachbarn und der Gemeinde.

Wenn Sie sich für einen preiswerten Holzzaun entscheiden, ist es durchaus von Bedeutung, ob sie breite oder schmale Latten wählen und sie waagerecht oder senkrecht anbringen. Die waagerechte Anordnung bewirkt eine optische Verlängerung, die senkrechte eine Verkürzung. Im Handel werden auch farbige Sichtschutzwände aus Holz angeboten (Sie finden hierzu einige Abbildungen in diesem Buch) und solche aus Bambus und Glas, letztere sind natürlich weniger als Sicht-, sondern eher als Windschutz geeignet.

Interessant sind auch Holzwände in mehr oder weniger durchsichtiger Ausführung, das heißt die rechteckig oder diagonal angeordneten Latten lassen am oberen Rand, in der Mitte oder auf der gesamten Fläche Durchblicke nach innen oder außen zu.

Blühende Vorhänge

▶ Rosa Strahlengriffel
(*Actinidia kolomikta*)

▶ Großblütige Klettertrompete
(*Campsis* x *tagliabuana* 'Mme. Galen')

▶ Anemonenwaldrebe
(*Clematis montana*)

▶ Goldwaldrebe (*Clematis tangutica*)

▶ Gewöhnlicher Efeu (*Hedera helix*)

▶ Gelbbunter Efeu
(*Hedera helix* 'Goldheart')

▶ Kletter-Hortensie
(*Hydrangea petiolaris*)

▶ Feuer-Geißblatt (*Lonicera* x *heckrottii*)

▶ Mauerwein (*Parthenocissus
quinquefolia* 'Engelmannii')

▶ Weinrebe (*Vitis vinifera*)

▶ Rosen

RECHTS Holz-
terrasse und Sicht-
schutzwand passen
gut zusammen. Die
Ecke bietet Schutz,
daneben ist der Blick
in den Nachbargar-
ten möglich.

LINKS Die sachlich
klare Form dieser
Abgrenzung be-
sticht – senkrechte
Latten in einen Rah-
men gefasst, der
obere Rand durch
ein leichtes Orna-
ment-Gitter aufge-
lockert. Sachlich
und ohne Zierat
sind auch die Gar-
tenmöbel und die
Blumenkübel. Es
gibt nur zwei Pflan-
zenarten, Schmuck-
lilie (*Agapanthus*)
und Agaven.

Mini-Teiche – ganz groß

Da große Wasserflächen in kleinen Gärten nur selten gewünscht werden, bieten sich eher architektonische Gestaltungsformen in der Nähe von Terrassen oder Sitzplätzen an, wenn Sie auf Wasser im Garten nicht verzichten wollen. Sie können sich entscheiden zwischen Springbrunnen und Quellsteinen, kleinen bepflanzten Becken oder Trögen. Kombinieren lassen sich die beiden Formen nicht gut, denn einige Wasserpflanzen, zum Beispiel die Seerosen, fühlen sich in bewegtem, strömendem Wasser nicht sehr wohl. Quell- oder Sprudelsteine werden durchbohrt, durch die eingeführte Schlauchzuleitung wird mit Hilfe einer schwachen (Solar-)Pumpe eine niedrige Fontäne erzeugt. Das Wasser sollte derart abfließen, dass möglichst der gesamte Stein überströmt wird.

Miniaturwassergärten können aus halbierten Holzfässern, alten Futtertrögen, frostfesten Keramikgefäßen oder

Kunststoffbehältern entstehen und entweder eingesenkt oder auf den Boden gestellt werden. Der Boden für Ihren Miniteich sollte kalk- und nährstoffarm sein. Am besten geeignet ist sandiger Lehm mit einer Beimischung von 30 %

OBEN Architektonische Wasseranlagen werden eigentlich nicht als Teiche, sondern als Becken bezeichnet, und so haben wir hier ein kleines Wasserbecken. Eingerahmt ist unser „Nass" von einer reich begrünten Trockenmauer und so lassen wir uns vom mediterranen Flair verzaubern.

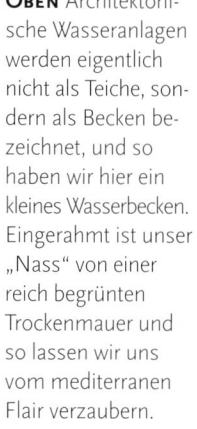

LINKS Wie Gestalten aus der Urzeit liegen diese drei unregelmäßig geformten Steine inmitten dichten Pflanzenbewuchses. Das aufsprudelnde Wasser läuft in idealer Weise gleichmäßig über die Steine, so dass sie schon zu vermoosen beginnen.

Lavagrus oder Ziegelsplitt. Auf den Behälterboden wird eine Schicht grober Kies gegeben. Ist das Substrat darüber eingefüllt, kann sofort bepflanzt werden. Die beste Zeit hierfür ist Anfang Mai. Für einen kleinen Teich mit Seerosen (nehmen Sie nur kleinwüchsige Sorten wie *Nymphaea* 'Laydekeri Fulgens', 'James Brydon' oder 'Ellisiana') benötigen Sie eine Wassertiefe von 20 bis 40 cm. Auch Sumpftröge lassen sich mit wenig Aufwand herstellen. Die frostharten und wasserdichten Behälter werden vollständig mit Erde oder Torf und Wasser gefüllt, anschließend mit diversen kleinwüchsigen Sumpfpflanzen oder mit Moorbeetpflanzen besetzt. Alle drei bis vier Jahre umpflanzen.

Wasserstars für Mini-Teiche

▶ Zwerg-Kalmus *(Acorus gramineus)*

▶ Blumenbinse *(Butomus umbellatus)*

▶ Sumpf-Calla *(Calla palustris)*

▶ Gemeiner Tannenwedel *(Hippuris vulgaris)*

▶ Gelbe Schwertlilie *(Iris pseudacorus)*

▶ Sibirische Schwertlilie *(Iris sibirica* in Sorten)

▶ Fieberklee *(Menyanthes trifoliata)*

▶ Zwerg-Seerosen *(Nymphaea x pygmaea* 'Alba') *(N. tetragona)*

▶ Gewöhnliches Pfeilkraut *(Sagittaria sagittifolia)*

▶ Zwerg-Rohrkolben *(Typha minima)*

UNTEN Dieser Wasserlauf hat seinen Ursprung aus einem kleinen Wassertrog. Beet, Wasserrinne und Terrasse sind so aufeinander abgestimmt, dass eins das andere ergänzt. Die Einfassung der betonierten Rinne ist gegenüber Beet und Terrasse etwas erhöht, das bietet besseren Schutz gegen hereinfallenden Schmutz. Denn eine solche streng architektonisch gestaltete Anlage wirkt nur überzeugend, wenn sie sauber ist.

Kräuterecken in Mini, Midi und Maxi

Unendlich viel Freude, Nutzen und Wohlbehagen können wir aus Kräutern ziehen. Seit Jahrhunderten werden ihre medizinischen und therapeutischen Eigenschaften genutzt, um Geist und Seele zu erfrischen und Krankheiten zu heilen. In jüngster Zeit wird aber nicht nur nach altem Wissen über ihre Wirkungen geforscht, sondern es werden auch alte Formen wiederbelebt, und so sieht mancher Kräutergarten aus, als wäre er eigens aus einem mittelalterlichen Kloster importiert worden.

Da es schön und praktisch ist, Kräuter in der Nähe des Hauses zu haben, werden sie oft in Töpfen und Schalen kultiviert. Besonders wüchsige, auch Ausläufer treibende Arten wie Liebstöckel oder Minze, können auf diese Weise gut in Schach gehalten werden. Von vielen Kräuter-Arten gibt es auch dekorative buntlaubige Sorten. Stellen Sie sich Duft- oder Farbkompositionen zusammen, beispielsweise in Gelb (Salbei und Thymian) oder Rotbraun (Basilikum, Fenchel und Salbei).

Auch besondere Bodenbedingungen lassen sich im Topf leichter herstellen, so zum Beispiel kiesiger, durchlässiger Boden für Thymian. Eine sehr gute Möglichkeit ist natürlich auch, die Kräuter im Balkonkasten oder auf dem Fensterbrett zu kultivieren. Dabei ist es besonders wichtig, dass die Pflanzen in voller Sonne stehen und regelmäßig gedüngt und gewässert werden. In der Regel halten die Kräuter nun ein bis zwei Jahre im Kasten aus, danach wird empfohlen, sie neu zu pflanzen.

Die besten Kräuter für Töpfe und Kübel

▶ Schnittlauch *(Allium schoenoprasum)*

▶ Estragon *(Artemisia dracunculus)*

▶ Ysop *(Hyssopus officinalis)*

▶ Lavendel *(Lavandula angustifolia)*

▶ Liebstöckel *(Levisticum officinale)*

▶ Zitronenmelisse *(Melissa officinalis)*

▶ Pfefferminzen *(Mentha x piperita)*

▶ Basilikum *(Ocimum basilicun)*

▶ Majoran *(Origanum majorana)*

▶ Rosmarin *(Rosmarinus officinalis)*

▶ Salbei *(Salvia officinalis)*

▶ Berg-Bohnenkraut *(Satureja montana* ssp. *montana)*

▶ Thymian *(Thymus vulgaris)*

LINKS Vieleckige kleine Beete sind von Klinkern eingefasst, umgeben von Kiesflächen und bepflanzt mit Kräutern und Blumen – ein Thema für einen besonderen Gartenteil. Wenn Sie Ihre Kräuter im Garten direkt auspflanzen, könnte es sein, dass Sie es zu gut mit ihnen meinen und der Boden zu nährstoffreich ist. Dann sehen die Pflanzen zwar üppig aus, aber sie haben wenig Aroma. Das fällt beim Frischverzehr noch nicht stark auf, macht sich aber bei getrockneten Kräutern sehr nachteilig bemerkbar. Wenn Sie die Kräuter für den Winter haltbar machen wollen, gibt es die Möglichkeit des Trocknens und die des Einfrierens.

Im Garten ausgepflanzte Kräuter wirken besonders hübsch in den klassisch ornamentalen Beeten mit Buchsbaumeinfassung. Sie können jedoch den Spieß auch umdrehen und Kräuter als Beeteinfassung, zum Beispiel für ein Rosenbeet, verwenden. Hierfür würden sich Salbei, niedriger Majoran oder das nicht überall ganz winterharte Heiligenkraut *(Santolina chamaecyparissus)* eignen.

Ebenso kann die Anordnung in einer Kräuterspirale oder nur einem aufgetürmten und mit Erde hinterfüllten Steinhaufen bei sachgemäßer Pflege ein schöner Blickpunkt sein. Sie müssen die Steine jedoch nicht unbedingt in einer besonderen Form anordnen, es kann auch eine niedrige, gerade Mauer sein. Etwa eine kleine Stützmauer, die mit Kräutern, vielleicht ergänzt durch Duftpelargonien oder Nelken, bepflanzt wird. Das Wichtige bei der Verbindung von Stein und Pflanze ist, dass sich Steine in der Sonne aufheizen und die gespeicherte Wärme langsam wieder abgeben, was für die Pflanzen ein ausgeglichenes, wärmeres Kleinklima bedeutet.

Da die meisten unserer Kräuter Kinder des sonnigen Südens sind, trägt jedes bisschen mehr an Wärme zu ihrer besseren Entwicklung bei. Einige Würzkräuter fühlen sich auch im Schatten wohl. Hier gedeihen zum Beispiel bei ausreichend Feuchtigkeit der Schnittlauch und der Sauerampfer, auf etwas trockeneren Plätzen auch die Zitronenmelisse und die Pimpernelle.

Ein Frühlingsgast an schattigen Stellen ist der Bärlauch. Auf ihn müssen sie besonders gut aufpassen – sein Ausbreitungsdrang ist enorm.

OBEN Dadurch, dass Sie Ihre Kräuter in Töpfen kultivieren, können Sie auf ihre speziellen Lichtbedürfnisse eingehen. An einem besonnten, heißen Standort werden sich alle sonnenhungrigen Kräuter sehr wohl fühlen und mit ihrem köstlichen Aroma und Duft nicht nur unseren Gaumen, sondern auch unsere Nasen erfreuen.

LINKS Die gelblaubigen Pflanzen und Gartenmöbel hellen den kleinen Platz optisch richtig auf. Sicher ist Ihnen schon aufgefallen, wie abwechslungsreich die verschiedenen Blattformen und Grüntöne sind und dass sie in ihrer scheinbaren Eintönigkeit sehr beruhigend wirken. In der kleinen schattigen Ecke fühlen sich Buntsegge (*Carex hachijoensis* 'Evergold'), Etagen-Primel (*Primula bulleyana*) und Spindelstrauch (*Euonymus fortunei* 'Emerald'n Gold') wohl.

Tolle Einfälle für schattige Plätze

Richtig schönen Schatten gibt es nur in alten Gärten, wo große Gehölze wachsen. Er ist kühl und luftfeucht, und Lichtflecken wandern im Laufe des Tages über den Boden. Eine andere Art von Schatten erleben wir in neuen Gärten oder in dichten Neubaugebieten. Hier ist der Schatten, den die Gebäude werfen, relativ gleichförmig und warm, und die Luft ist trocken und unbewegt. Aber nicht jeder von uns kann seinen Kaffeetisch unter einem alten Baum aufstellen, und so sind wir gefordert, Kompromisse einzugehen.

Ein freundlicher Schattenplatz entsteht, wenn Sie sich eine oben offene Pergola bauen, die von den Stützen her nur sparsam berankt wird. Am Boden erhält der Sitzplatz eine Wasserstelle, an der ein zarter Springstrahl aufsteigt. So können Sie das erfrischende Geräusch des plätschernden Wassers erleben (wie es seit Jahrtausenden in arabischen Gärten möglich ist) und haben auch den freien Himmel über sich. Schattenplätze sollten nicht zu dunkel und dumpf sein. Für viele Menschen ist es bedrängend nicht (wenigstens ein bisschen) hinaus-

schauen zu können. Außerdem ist es lästig, wenn aus dem grünen Dach Zweige, Blätter, Spinnen und andere Insekten „in die Suppe fallen".

Wählen Sie als Bodenbelag einen nicht zu dunklen Stein, Sie können die Fläche auch mit einem Muster aus hellen Mosaik-Pflastersteinen auffrischen oder mit farbigen Gartenmöbeln einen leuchtenden Akzent setzen. Ein angemessener Belag für einen natürlichen Schattenplatz wären auch heller Kies oder wohlriechender Rindenmulch.

Blatt- und Blütenschmuck für schattige Plätzchen

Deutscher Name	Botanischer Name	Wuchshöhe	Blütezeit
Japanische Herbstanemone	Anemone-Hupehensis-Arten	40 bis 80 cm	VIII bis X
Wald-Geißbart	Aruncus dioicus	100 cm	VIII
Astilben	Astilbe-Arten	50 bis 90 cm	VI bis X
Azalee	Azalea-Arten	40 bis 100 cm	IV bis VI
Kaukasus-Vergissmeinicht	Brunnera macrophylla	30 bis 40 cm	IV
Elfenblume	Epimedium-Arten	30 bis 40 cm	IV bis V
Schneerose	Helleborus niger	25 bis 30 cm	III bis IV
Frühling-Nieswurz	Helleborus orientalis	30 bis 40 cm	II bis IV
Funkien	Hosta-Sorten	30 bis 60 cm	VI
Frühlings-Platterbse	Lathyrus vernus	30 cm	III
Wald-Marbel	Luzula sylvatica	30 cm	V
Kirschlorbeer	Prunus laurocerasus	60 bis 120 cm	V bis VII
Porzellanblümchen	Saxifraga umbrosa	10 bis 30 cm	VI bis VIII
Waldsteine	Waldsteinia ternata	15 bis 20 cm	IV bis V

LINKS OBEN Ältere Gärten mit reifem, humosen Boden bieten geeignete Waldstandorte für Japanische Ahorne *(hier Acer japonicum ‘Aureum’)*, Azaleen und Rhododendren. Sie können auch mit Lauberde und Torf nachhelfen, wenn Sie einen derartigen Standort schaffen möchten, zum Beispiel an der Nord- oder Ostseite Ihres Hauses.

LINKS Der kleine Platz ist von einem Weidenflechtzaun umgeben, der sich hervorragend eignet, um Clematis daran hochranken zu lassen. Die rosaweißen Blüten strahlen wie Lichtpunkte vor dem dunklen Hintergrund. Sehr dekorativ wirken auch die Weißrand-Funkie *(Hosta ‘Albomarginata’)* und das Japanwaldgras *(Hakonechloa macra ‘Aureola’)*.

Rosen – Blütentraum und Multitalent

Gleichgültig, ob Sie Ihre Rosen im Herbst oder im Frühjahr pflanzen, wichtig ist der richtige Standort. Geeignet sind sonnige, luftige Plätze im Garten, wo sich weder heiße noch kalte Luft staut und die Luftfeuchtigkeit nicht zu hoch ist. Der Boden sollte humusreich und gut durchlüftet sowie locker und durchlässig sein, denn Rosen vertragen keine Staunässe. Falls am vorgesehenen Standort schon einmal über längere Zeit Rosen gestanden hatten, empfiehlt es sich, den Boden 50 bis 60 cm tief auszugraben und durch neuen zu ersetzen, andernfalls könnte die so genannte Bodenmüdigkeit (hervorgerufen durch Ausscheidungen der alten Rosenwurzeln) die Entwicklung der neuen Pflanzen hemmen.

Wie schon erwähnt können Sie die Rosen sowohl im Herbst (ab September) als auch im Frühjahr (März bis April) pflanzen. Bei der Frühjahrspflanzung ist das Risiko des Überwinterns auf der Seite des Gärtners, was von Vorteil für Sie sein kann. Besonders wichtig beim Pflanzen veredelter, wurzelnackter Rosen ist, dass die Wurzeln, bevor sie in die Erde kommen, gründlich gewässert werden und dass anschließend so tief gepflanzt wird, dass die Veredlungsstelle 5 cm unter der Erdoberfläche liegt. Bei so genannten wurzelechten Rosen braucht man darauf nicht zu achten, diese Pflanzen können nicht erfrieren. Es gibt so viele verschiedene Rosen-Arten und -Sorten, dass es schwer fällt, die jeweils richtige herauszufinden. Kletterrosen werden Sie im kleinen Garten vielleicht an einer Hauswand unterbringen oder an einem Rosenbogen. Für die große Gruppe der Strauchrosen dürfte in den meisten Fällen der Platz fehlen. Am ehesten zu empfehlen sind die kleinwüchsigen Beetrosen, einige Zwergrosen und die bodendeckenden Sorten.

Links Die Beschränkung auf die drei Blütenfarben Gelb, Blau und Weiß bewirkt, dass jede einzelne Farbgruppe sehr deutlich wahrgenommen wird, natürlich besonders die schöne gelbe Rose 'Graham Thomas'. Bei frühzeitigem und geschicktem Rückschnitt kann diese Blütenkombination fast den ganzen Sommer lang halten.

Links Wenn Ihr Garten klein, Ihre Blumenwünsche aber groß sind, gibt es nur eine Lösung: In die Höhe gehen. Zum Glück gibt es bei den Rosen sehr schöne kletternde Sorten in vielen Farben (hier die Sorte 'Rosarium Uetersen'). Wenn Sie keine geeignete Hauswand haben, bauen Sie sich Holzrankhilfen von etwa 3 m Höhe.

Unten Wenn Sie Rosenhochstämme pflanzen, verlagern Sie die Blüte eine Etage höher, und die Begleitpflanzen sind keine Konkurrenz für die Rosen. So können Sie eine sehr große Blutenfulle erzeugen, allerdings müssen die Hochstämme im Winter in eine Frostschutzfolie gepackt werden.

Die besten Rosenfreunde

Gehölze

▸ Buchsbaum (*Buxus*-Sorten)

▸ Niedrige Felsenmispel (*Cotoneaster*-Arten)

▸ Johanniskraut (*Hypericum patulum* 'Hidcote Gold')

▸ Sternmagnolie (*Magnolia stellata*)

▸ Blaue Mädchenkiefer (*Pinus parviflora* 'Glauca')

▸ Japanische Eibe (*Taxus cuspidata* 'Nana')

Stauden

▸ Ungarische Gänsekresse (*Arabis procurrens*)

▸ Steinquendel (*Calamintha nepeta*)

▸ Rittersporn (*Delphinium*-Sorten)

▸ Griechische Kugeldistel (*Echinops ritro*)

▸ Storchschnabel (*Geranium*), niedrige Arten

▸ Schleierkraut (*Gypsophila*-Arten)

▸ Katzenminze (*Nepeta* x *faassenii*)

▸ Ruten-Hirse (*Panicum virgatum* 'Hänse Herms')

▸ Lampenputzergras (*Pennisetum alopecuroides*)

▸ Salbei (*Salvia* x *superba*) in Sorten

Grillspaß für Groß & Klein

LINKS UND OBEN Die Faszination des Feuers ergreift Jung und Alt und das besonders, wenn man ihm so nah kommen kann wie bei den Feuerkörben oder auch Feuerschalen.

Ob Kinderfest oder Erwachsenen-Party – zu einem lauen Sommerabend in fröhlicher Runde gehört auch ein kleines Feuer und der unwiderstehliche Duft von gegrillten Würstchen oder Fleisch. Wo die Gärten klein sind und die Nachbarn dicht beieinander wohnen, lädt man sie am besten mit ein. Es gibt viele verschiedene Gartengrillsysteme, und das Schwierigste dürfte es sein, sich für eines von ihnen zu entscheiden. Bei Holzkohle müssen Sie bedenken, dass es bis zu einer halben Stunde dauern kann, bis die Kohle richtig glüht und Sie das Fleisch auflegen können. Fett sollte nicht in die Glut tropfen können, da die entstehenden Dämpfe zu den gesundheitsschädlichen gehören. Bei der Verwendung eines Gasgrills ist zwar diese Gefahr die gleiche, jedoch wird die Brattemperatur schneller erreicht.

LINKS Ein flackerndes Licht verzaubert den Garten durch seinen hellen Schein und die huschenden Schatten, die es erzeugt. Da es im Sommer zur Grillzeit lange hell bleibt, ist es schön, wenn die Fackeln selbst hübsch aussehen. Der metallische Glanz dieser Ölfackeln passt wundervoll zur Farbe von Blättern und Blüten und hebt sich dennoch daraus hervor. Übrigens bläst der Wind Öllichter nicht so leicht aus wie Kerzen (zu beziehen von Seasonal Home siehe S. 116).

OBEN Ein gemauerter Grill ist ein dominantes, unverrückbares Element im Garten, der übers ganze Jahr attraktiv aussehen sollte.

Ein gemauerter Grill, den man nicht forträumen kann, sollte mehrere Vorzüge haben, die ihn auch in kühlen Zeiten nützlich oder hübsch sein lassen. In seitlich angebrachten Pflanzbehältern könnten Kräuter aber auch Blumen gedeihen. Auf der (nicht genutzten) Feuerstelle kann eine Schale voller Sommerblumen prangen oder eine Schale Wasser, in der bei ausreichender Tiefe (20 cm) Wasserpflanzen und eine Seerose gedeihen würden. Bitte aber vor dem Grillen entfernen!

Grillmenü für 8 Personen

Wenn Sie ganze Menüs für viele Personen zubereiten möchten, brauchen Sie einen großen Grill mit zwei Rosten, einer Vorrichtung zum Spießgrillen und möglichst einem Deckel, wegen der Oberhitze.

Unser Menüvorschlag

▸ Als Erstes 24 gewaschene, in Alufolie gewickelte Kartoffeln in die Glut legen.

Vorspeise: Räucherfisch mit roter Grapefruit, Blattspinat und Pinienkernen

▸ 400 g Räucherfischfilet (Makrele, Heilbutt, Forelle) vorsichtig erwärmen und

▸ 60 g Pinienkerne rösten, währenddessen

▸ 4 rote Pampelmusen schälen, in Schnitze teilen

▸ 400 g Blattspinat mit Pampelmusensaft, Öl, Salz, Honig, etwas Chili marinieren

▸ Alles zusammengeben und die Pinienkerne drüberstreuen.

▸ Während des Schmauses garen die Folienkartoffeln weiter.

Hauptgericht: Rinderfilet mit Folienkartoffeln, diverses Gemüse

▸ Die acht Rinderfilets werden beidseitig mehrmals mit Bier eingepinselt, dann auf den Rost gelegt.

▸ Gleichzeitig können am weniger heißen Rand Maiskolben, Paprika, Tomaten oder Zucchini gegrillt werden. Fleisch immer wieder mit Bier anfeuchten, Gemüse mit Kräuteröl einpinseln. Zum Schluß salzen.

▸ Natürlich runden selbstgemachte Soßen das ganze ab. Zum Beispiel Kräutersoße, Teufelssoße, Senfmajonäse oder Apfel-Currysoße, die auch zum Nachtisch wunderbar passt.

Nachtisch: Gegrillte Banane mit Curry-Apfelsoße und Vanilleeis

Rasen und Rabatten

Hier geht es um Farben und Grenzen, um die Farbgestaltung Ihrer Blumenrabatten und deren Nachbarschaft zum Rasen. Der Farbenkreis (rechts) zeigt die Abfolge der Spektralfarben, so wie wir sie vom Regenbogen kennen, in übersichtlicher Anordnung.

Mit seiner Hilfe können Sie die Wirkung von Farbzusammenstellungen auf den Rabatten planen. Wenn Sie Farben kombinieren, die auf dem Kreis nebeneinander liegen, das heißt ein Pigment gemeinsam haben, so erhalten Sie harmonische, manchmal langweilige Zusammenstellungen (rot und violett). Wählen Sie Farben, die sich gegenüberliegen (rot und grün), die so genannten Komplementärfarben, so ist deren Wirkung anregend, mitunter aufregend.

Selbstverständlich können Sie Ihre Beete so bunt machen, wie es Ihnen gefällt und dafür alle Ihre bewährten Lieblingspflanzen zusammenstellen. Wenn Sie hingegen erprobten Farbzusammenstellungen folgen wollen oder neue ausprobieren möchten, kann es leider passieren, dass die Farbharmonie zwar vollkommen wird, nur die Pflanzen nicht so gut wachsen, wie Sie sich das vorgestellt hatten. Auch die Art der Einfassung des Beetes trägt mit seiner farblichen oder strukturellen Aussage zum Erscheinungsbild der Pflanzung bei.

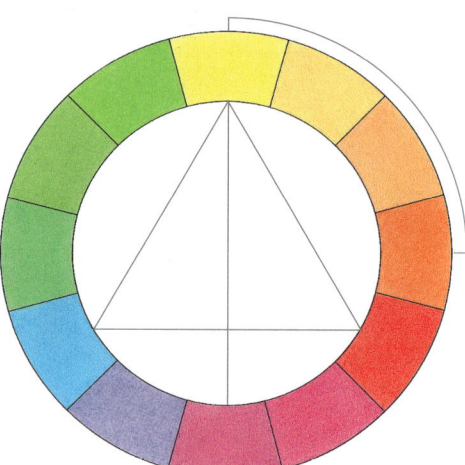

OBEN Der Farbkreis verdeutlicht die Verwandtschaft der Farben, die Mischungen und Übergänge der drei Grundfarben Gelb, Rot und Blau untereinander. Die erste Stufe der Mischung ergibt Orange (Gelb und Rot), Violett (Rot und Blau) und Grün (Blau und Gelb).

LINKS Bunte Rabatten, auf denen es lange blüht, schafft man am besten mit einer Kombination aus Stauden und Sommerblumen. Wenn der Phlox verblüht ist, werden Margeriten und Stockrosen noch weiterhin für Farbe sorgen.

LINKS Blau und Grün sind kalte Farben, das Weiß erhellt und bringt Frische in die dunklen Farbtöne. Damit wäre die Pflanzung recht nett. Interessant und bemerkenswert wird sie jedoch erst durch die roten Lupinen. Diese Farbe ist die Komplementärfarbe zu Blau und bringt den spannungsvollen Reiz in das Bild. Die hier gut ablesbare Regel besagt: Man wähle mehrere nahe verwandte Farben und ergänze dann mit (wenigen Exemplaren) einer Komplementärfarbe.

Rollrasen schnell und gut verlegen

- ▸ Rollrasen ist etwas für Ungeduldige.
- ▸ Die beste Zeit zum Verlegen ist das Frühjahr, wenn es bereits beginnt warm zu werden.
- ▸ Im Handel sind Rollen von 167 cm Länge, 30 cm Breite und 1,5 bis 2,5 cm Dicke erhältlich.
- ▸ Eine Rolle ergibt einen halben Quadratmeter Rasen, den Sie zwar vorsichtig, aber sofort betreten können.
- ▸ Rollrasen sollte sofort nach der Lieferung ausgelegt werden. Bleiben die Rollen zu lange liegen, beginnen die Gräser zu faulen. Das bedeutet, Sie müssen den Oberboden bis dahin höhengerecht hergerichtet haben.
- ▸ Dafür sollten etwa 5 cm Oberboden auf der Fläche ausgebracht, verdichtet und gut angefeuchtet worden sein.
- ▸ Dann werden die Rollen engfugig mit versetzten Querfugen verlegt (gegebenenfalls Fugen mit Oberboden überziehen), gleichmäßig angedrückt und gewässert.
- ▸ Vorsicht, dass die Grasrollen vom Rand her nicht austrocknen.
- ▸ Die Qualität des Rasens ist in der Regel einwandfrei. Er ist sehr dicht und ohne Unkraut

Plattenverlegen leicht gemacht

▲ Abstecken und Ausheben

▲ Grobkies und Sand einbringen

▲ Plattensteine verlegen

▲ Fugen mit Sand füllen

Der Gestaltung von Rabatten kommt eine ganz besondere Bedeutung zu. Gerade in kleinen Gärten wäre es am schönsten, wenn es überall immer blühen würde. Diesen Wunsch zu erfüllen bedeutet, eine große Zahl verschiedener Pflanzen gleichmäßig im Garten zu verteilen, die dann wie Streublümchen auf einer Tischdecke im Laufe des Jahres abwechselnd überall ihre wenigen Blüten zeigen.

Eine andere Möglichkeit ist es, Blüh-Schwerpunkte zu schaffen, an denen in bestimmten Jahreszeiten blühende Pflanzen in größerer Zahl und in harmonisch abgestimmten Farben ihren Auftritt haben. Es kann zum Beispiel in einem halbschattigen Bereich sein, wo im Frühling eine Wiese voller Schneeglöckchen blüht und im Herbst ein Wald von Herbstanemonen. Oder auf dem Rosenbeet, das erst ab Juni

RECHTS Die Kiesabgrenzung zwischen Rasen und Rabatte erscheint recht pflegeaufwändig, bietet jedoch einen guten Übergang zu bekiesten Flächen in Hausnähe. Die Rabatte vor einer Gehölzpflanzung ist eine bunte Mischung aus Sommerblumen, Kübelpflanzen und Stauden, auf der es immer blüht.

interessant wird, blühen im zeitigen Frühjahr viele Wildtulpen oder die frühen Gartenprimeln, die im Sommer gar nicht mehr schön aussehen. Sie werden später abgelöst und verdeckt von einer nachwachsenden Gruppe Phlox. Andererseits herrscht auf dem Rhododendrenbeet nach der großen Blütezeit im Mai Ruhe. Hier wirken nur noch Grüntöne und Blattstrukturen von Schattengräsern, Farnen und Funkien (*Hosta*).

Dauerblühende Rabatten lassen sich während des Sommers natürlich mit Sommerblumen gestalten. Das bedeutet, den Boden jedes Jahr neu herrichten und reichlich mit Nährstoffen versehen, denn die lange Blütezeit erfordert eine gute Ernährung der Pflanzen. Es bedeutet aber auch jedes Jahr neue Experimente, Pflanzen- und Farbzusammenstellungen ausprobieren.

Es bietet sich auch ein Kompromiss an. Sie können Ihre Staudenbeete (die ausdauernden Stauden blühen leider nicht den ganzen Sommer hindurch) stellenweise mit Sommerblumen ergänzen, entweder mit Einzelpflanzen, die wie Lichtpunkte wirken (weiß) oder in Gruppen, die einen kräftigen Farbakzent bilden, passend zu den jeweils blühenden Stauden.
Wenn es der Platz erlaubt, können Pflanzengruppen auch rhythmisch angeordnet werden.

Auf einer langen Rabatte kann die gleiche Pflanzenkombination zwei oder drei Mal hintereinander angeordnet werden, das bewirkt, dass das Beet länger erscheint. Auch die Verwendung weniger, aber dafür großer Pflanzengruppen (drei bis fünf Stück einer Sorte) verstärkt den Eindruck, dass in Ihrem Garten Bedeutendes stattfindet – es blüht im kleinen Garten nicht nur hier und dort ein Blümchen, sondern es werden bewunderungswürdige Akzente gesetzt. Wichtig bei solchen Rabatten ist, dass Verblühtes sofort zurückgeschnitten wird.

Links In Haus Nr. 12 scheint Dornröschen zu wohnen. Ein einfaches Portal, aus Latten zusammengeschraubt, dient als Rankhilfe für Kletterrosen. Die Pflanzen wachsen so üppig, dass man die richtige Haustür erst auf den zweiten Blick bemerkt. Im Winter mag sie etwas deutlicher zu sehen sein, dann wird wohl auch der Kiesweg nicht ganz so verwunschen und unbenutzt wirken – oder ist er vielleicht doch nur für Hasen und nicht für Menschen gedacht?

Schöne Vorgärten gesucht

Der Vorgarten ist Ihr Aushängeschild, Ihre Visitenkarte. Er zeigt, wie Sie sich der Öffentlichkeit präsentieren wollen, wie Sie Ihre Gäste empfangen möchten. Natürlich ist er meist winzig und die Gestaltungsmöglichkeiten daher sehr beschränkt. Sie möchten einladend wirken und sich dennoch etwas abschirmen? Ein etwas erhöhtes Beet entlang der Straße schafft eine gewisse Distanz. Wenn es ruhig bepflanzt wird mit wenigen Sträuchern, immergrünen Bodendeckern und einem schmalwüchsigen Baum, können Sie ein feines Entree schaffen, das sich wohltuend von der modischen Fülle vieler Vorgärten abhebt.

Ein besonderes Problem in Vorgärten ist die Unterbringung der Mülltonne. Hierüber sollten Sie sich besonders viele Gedanken machen. Bewachsene Müllschränke (besonders geeignet sind dafür Kletterhortensie oder Efeu), Einfassung der Müllschränke in der gleichen Weise wie das Grundstück (Tarnung), Einbeziehung in die Pflanzung (zum Beispiel mit hohen Gräsern oder Bambus) oder in Sichtschutzelemente (Rankgitter), sind nur einige Vorschläge, die Sie überdenken könnten. Wenn aber die Mülltonne tatsächlich kein passendes Versteck in Ihrem Vorgarten finden sollte, so haben Sie den Mut zur Offensive und malen Sie die Tonne wunderschön an oder lassen Sie das Ihre Kinder tun und stellen Sie sie als provokantes „Kunstwerk" öffentlich auf. Sie wird viele bewundernde Blicke auf sich ziehen.

LINKS Die symmetrische Anordnung auffälliger Kübelpflanzen vor der Haustür signalisiert: Hier erwartet Sie etwas Großartiges. Eine derartige Installation passt eher zu einer Villa als zu einem Reihenhaus.

UNTEN LINKS Kübelpflanzen in gewagten Farben und Formen sind sehr beliebte Dekorationen für Terrassen, Wege und Plätze. Beim Umpflanzen des Buchs mit beiden Händen anpacken, damit Sie ihn auch wieder aus dem Topf bekommen.

UNTEN RECHTS Gut versteckt unter wildem Wein, ist diese Mülltonne ein gelungenes Beispiel, im Vorgarten unangenehme Dinge hinter Erfreulichen zu verstecken.

Terrasse für schöne Stunden

Links Ein romantischer Sitzplatz auf der Terrasse. Hier passt farblich einfach alles zusammen. Duftender Lavendel, blau- und rosafarbene Hortensien und violette Stauden. Der praktische Stuhl bildet den krönenden Abschluss für Ihre „blauen" Stunden.

Eine Terrasse ist die Erweiterung des Wohnraumes, sie ist das erste und beste Zimmer im Freien. Am wirkungsvollsten kommt das optisch zum Ausdruck, wenn der Bodenbelag innen und außen ähnlich ist. Und wenn schon das Material wegen der Frostbeständigkeit außen ein anderes sein muss, sollten wenigstens Oberflächenstruktur und Farbe sehr ähnlich sein. Wichtig ist, dass eine Terrasse eine windgeschützte Ecke hat, einen ausreichend großen Sonnenschutz und wenn möglich eine Ecke, die besonders nach-

mittags wie abends sonnenbestrahlt und schön warm wird.

Eine Terrasse für eine vierköpfige Familie muss etwa 12 bis 15 m² groß sein, damit Tische, Stühle, Menschen und auch Blumenkübel ausreichend Platz darauf finden. Eine so große Fläche will gestaltet und gegliedert sein. Genauso wie Sie auf Ihren Fußboden im Wohnzimmer einen Teppich legen, könnten Sie auch die Terrassenfläche mit einem Muster aus großen und kleinen Platten und Pflastersteinen

belegen, so dass es erfreulich ist hinauszuschauen, auch wenn nicht gerade zu einem Sommerfest angerichtet ist. Ganz allgemein gilt: Für den Belag von Terrassen keine zu kleinformatigen Steine verwenden (wegen der unebenen Oberfläche und der vielen Fugen) sondern diese nur zur Gliederung größerer Beton- oder Natursteinplatten in Streifen oder Rechtecken dazwischenlegen.

Gleichgültig welche Oberflächenbefestigung Sie Ihrer Terrasse geben, der Unterbau sollte immer der gleiche sein.

Die Top 14 Ampelpflanzen

▶ Gauchheil *(Anagallis monelli)*

▶ Begonia, hängend *(Begonia tuberosa)*

▶ Blaues Gänseblümchen
  (Brachyscome multifida)

▶ Winde *(Convolvulus sabatius,
  C. tricolor)*

▶ Elfensporn *(Diascia barberae)*

▶ Steinkraut *(Erigeron karvinskianus)*

▶ Hänge-Fuchsie *(Fuchsia-Cultivars)*

▶ Duftsteinrich *(Lobularia maritima)*

▶ Hornklee *(Lotus berthelottii)*

▶ Hänge-Geranien
  (Pelargonium peltatum)

▶ Hänge-Petunien *(Petunia x atkinsiana)*

▶ Husarenknopf *(Sanvitalia procumbens)*

▶ Blaue Fächerblume *(Scaevola saligna)*

▶ Verbene *(Verbena-Cultivars)*

OBEN Ein schöner Blickfang vor reichblühendem Storchschnabel ist dieser Vogel mit Tränke. Mit verschiedensten Accessoires.

RECHTS Eine wichtige Zierde von Balkon und Terrasse sind die Sommerblumen. Hängeampel- und Kübelpflanzen gibt es in fast allen Farben.

Auf den gut verdichteten Unterboden (bei Neuanlagen besonders auf gute Verdichtung in Hausnähe achten, da es wegen des angeschütteten Bodenmaterials leicht zu späteren Sackungen kommen kann) bringen Sie 10 cm einer Kiestragschicht auf, verdichten dieselbe, geben darauf 3 bis 5 cm Pflastersand und verlegen Ihre Platten oder Pflastersteine auf diesen Unterbau. Pflaster- oder Klinkerwege im Garten können Sie gleich auf eine etwa 5 cm starke Sandschicht verlegen, auch hier ist eine gute Verdichtung wichtig (siehe auch S. 50).

Balkone schön in Szene gesetzt

Balkone sind die wohl am intensivsten genutzten Außenräume, wenn sie denn genutzt werden und nicht nur zum Lüften verrauchter Kleider oder zum Aufstellen einer Satellitenschüssel dienen. Schauen Sie sich Ihren Balkon einmal an, sofern Sie einen haben und überlegen Sie, ob Sie die Liebe und Geduld hätten, dort zumindest während des Sommers ein kleines Paradies zu schaffen. Auch wenn Sie sich aus irgendeinem Grund nicht dort hinaussetzten, wäre es doch ein Gewinn, einen wunderschönen Ausblick zu haben und täglich einmal hinauszugehen, um zu prüfen, ob alle Schützlinge

in Topf und Kasten wohlauf sind. Selbst wenn es Ihnen nicht auf Anhieb gelingen sollte, eine von allen bewunderte Pflanzenkombination und Blütenfülle zu erzielen, wird es Ihnen Spaß machen dazuzulernen und jedes Jahr Neues auszuprobieren. Die Gartencenter und Gärtnereien bieten im Frühjahr eine solche Fülle hervorragend geeigneter Pflanzen an, dass es schwerfällt, den Angeboten zu widerstehen.

Wenn Sie die Sommerblumen mit einigen winterharten und immergrünen Pflanzen geschickt kombinieren (Efeu,

kleine Kiefern, Winterjasmin, niedrige Wacholder oder niedrige Felsenmispel), würde es sich auch im Winter lohnen, einen Blick auf den Balkon zu werfen und die Nikoläuse, Engel oder Weihnachtswichtel dort heimlich zu beobachten.

Die Einjahrsblumen in den Balkonkästen brauchen jedes Jahr neue Erde. Die handelsüblichen Fertigerden sind meist gut und oft schon mit Langzeitdüngern versehen. Bewährt haben sich auch die so genannten Einheitserden für Kübelpflanzen, die meist mehrere Jahre in der gleichen Erde stehen müs-

LINKS Bietet Ihnen der Balkonkasten am Geländer zu wenig Platz für Pflanzen und ist Ihr Balkon breit genug, können Sie die Stellfläche um einiges vergrößern, wenn Sie sich ein solches Gestell bauen (s. Bezugsquellenverzeichnis Seite 116).

OBEN Auch im Halbschatten können sich kräftige Farben entwickeln. Die leuchtende Rotkomposition besteht aus Petunien, Knollenbegonien, Geranien und Fuchsien, aufgehellt mit weißen Geranien und gelbem Zweizahn.

sen. Sie enthalten außer Humusanteilen auch Ton, der ein besseres Wasserhalte- und Nährstoffspeichervermögen gewährleistet. Dennoch werden Sie um das regelmäßige wöchentliche Düngen mit Flüssigdüngern nach Angabe des Herstellers nicht herumkommen, wenn Sie eine hervorragende Entwicklung Ihres Sommerflors genießen möchten.

Der große Feind aller Pflanzen in Kästen oder Kübeln ist die Staunässe. Bitte sorgen Sie durch Freilegen der Abflußlöcher und Einbringen einer Drainageschicht am Boden der Gefäße dafür, dass dort kein Wasser stehen bleiben kann.

Urlaubsbewässerung

Am besten wäre es, wenn Sie Ihren Urlaub dann nehmen, wenn die Blumen nicht gegossen werden müssen. Am zweitbesten wäre es, wenn Sie jemanden finden, der genauso sachkundig wie Sie, die Blumen von Hand gießt, denn unsere Schützlinge haben individuelle Betreuung am liebsten. Für einige Tage können Sie fortfahren, wenn Sie Blumenkästen mit integriertem Wasserspeicher verwenden und für länger, wenn Sie so genannte Tropfschläuche installieren. Sie sind Teil eines durchdachten Bewässerungssystems, bei dem über Feuchtesensoren im Boden die Wasserzufuhr gesteuert wird.

Obstgärtchen für Genießer

Ein wenig Obst im Garten muss schon sein, auch wenn der Platz noch so knapp bemessen ist. Johannisbeeren und Stachelbeeren sind besonders platzsparend als Hochstämmchen, darunter können Erdbeeren oder Salat, aber auch Stauden oder Sommerblumen stehen. Jeder Zentimeter Boden wird ausgenutzt, und das Obst wird in die Gesamtgestaltung mit einbezogen. Kein eigenes Beet also auch für Kulturheidelbeeren, die Sie (wegen der gleichen Bodenansprüche) als dekorative Pflanze im Rhododendrenbeet unterbringen können. Sie hat eine sehr prächtige Herbstfärbung. Dornenlose Brombeeren sind eine ideale Begrünung für Drahtzäune, und wenn der Nachbar miternten darf, hat er sicher nichts gegen diese Form des platzsparenden Obstanbaus. Pfirsiche sind sehr zarte Obstbäume und eigentlich nur für warme Regionen geeignet. Sie können durch geschickten Schnitt zusätzlich klein gehalten werden. Und sollten sie mal keine Früchte tragen, haben sie uns im Frühling doch durch ihre reizende rosa Blüte zu erfreuen verstanden.

Himbeeren wachsen in der freien Natur an Waldlichtungen. Vielleicht finden Sie in Ihrem Garten einen halbschattigen Platz, wo Sie bevorzugt zweimaltragende Sorten (wie 'Zewa 3', 'Heritage') pflanzen können, die entweder mit Rasenschnitt, grobem Kompost, Sägespänen oder Laub gemulcht oder mit Walderdbeeren unterpflanzt werden.

Für kleine Gärten eignen sich besonders Apfelbäume auf der so genannten schwach wachsenden Unterlage M 9, auf der die klein bleibenden und früh tragenden Spindelbüsche veredelt werden (beim Kauf in der Baumschule

LINKS Auch Pflaumen-, Apfel- und Birnenbäume lassen sich über längere Zeit im Container halten. Wenn sie dort schon als Spalierform gezogen wurden, kann man sie nach einiger Zeit auspflanzen und an einer warmen Hauswand weiter kultivieren.

OBEN Mit einer kleinen Schale voll von selbst gepflückten goldgelben Äpfeln oder leuchtenden Kirschen und Beeren aus dem eigenen Gärtchen beeindrucken Sie jeden Besucher. Auch bei kleinen Gärten müssen Sie nicht auf saftiges Obst verzichten.

RECHTS Wenn der Platz gar so knapp wird, können kleine Obstgehölze auch im Topf kultiviert werden. Wichtig ist das regelmäßige Düngen nicht zu vergessen und die Pflanzen im Winter vor dem Durchfrieren des Ballen zu schützen.

Saftiges Obst aus kleinen Gärten

Deutscher Name	Sorte	Höhe	Blütenfarbe	Blütezeit	Ernte
Apfel, schwach wachsend	'Topaz'	3,00 m	weiß	IV bis V	IX
	'Elstar'	3,50 m	weiß	IV bis V	X
Ballerina-Apfel, säulenförmig	'Bolero'	2,50 m	weiß	IV	IX
	'Polka'	2,50 m	rosa	IV	IX
Haselnuss	'Webbs Preisnuß'	3,50 m	grün	III	IX
Johannisbeere	'Red Lake'	Stamm	grünlich	V	VII
	'Rotet'	1,00 m	grünlich	V	VII
Kiwi	'Hayward'	3,50 m	weiß	VI	IX bis X
	'Weiki'	3,50 m	weiß	VI	IX bis X
Kulturheidelbeere	'Bluecrop'	1,20 m	weißgrün	V	VII bis IX
	'Spartan'	1,50 m	weißgrün	V	VII
Pflaumen	'Frühzwetsche'	3,50 m	weiß	V	VIII bis IX
Stachelbeere	'Reflamba'	1,00 m	grünlich	IV	VI
Wein	'Romulus'	beliebig	grünlich	V	IX, gelb
	'Dornfelder'	beliebig	grünlich	V	IX, blau

nachfragen). Weiterhin empfehlenswert sind die bereits erwähnten säulenförmig wachsenden Ballerina-Äpfel, die man gelegentlich sogar schon fruchttragend kaufen kann. Auch für Süßkirschen gibt es Sorten auf schwach wachsenden Unterlagen (Weiroot), die uns den Anbau im kleinen Garten erst ermöglichen.

Brombeere, Wein und Kiwi sind für kleine Gärten nicht uneingeschränkt geeignet. Sie können nur vorgeschlagen werden als Pflanzen zur Begrünung von Zäunen, Pergolen oder Hauswänden. Beide Kiwi-Sorten (siehe Tabelle) benötigen zusätzlich eine männliche Bestäuberpflanze. Wichtig ist bei allen, dass sie durch früh beginnenden, regelmäßigen Schnitt in Form gehalten werden.

LINKS Dieser Ausschnitt aus einem Steingarten zeigt den gefühlvollen Umgang mit großen Steinen, auf denen sich trockenheitsliebende Polsterpflanzen ausgebreitet haben. Verschiedene Hauswurz-Arten schmiegen sich in die Spalten oder breiten sich auf den Flächen aus.

UNTEN Die alten Harztöpfe haben eine ganz neue Aufgabe bekommen, sie beherbergen Fetthennen-Arten, denen es augenscheinlich in diesen ungewöhnlichen Gefäßen auf der Fensterbank gut gefällt.

Mini-Steingärten für Trockenkünstler

Mit zunehmenden Quadratmeterpreisen und abnehmenden Grundstücksgrößen, aber mit gleich bleibendem Wunsch nach interessanten Pflanzen im Garten, könnte eine Lösung dieses Problems in der Anlage eines Steingartens liegen. Anregungen dazu hat sich schon manch einer auf Wanderungen durchs Gebirge geholt und die Erinnerung an einen natürlich schön bewachsenen Felsen verschwindet nicht eher, bis eine ähnliche Situation im eigenen Garten nachgebaut ist.

Eine gute Beobachtungsgabe

und einiges Wissen über die Bedürfnisse dieser Extremisten unter den Pflanzen sind nötig, damit das Unternehmen gelingt. Zur Auswahl der Steine gehören Gefühl und Liebe, den Pflanzen ist es fast egal, über welchen Stein sie wachsen. Die meisten von ihnen benötigen viel Sonne, einen durchlässigen, niemals staunassen Boden, der aus einer Mischung von fünf Teilen (nicht speziell gedüngtem) Kompost, drei Teilen Splitt und einem Teil Torf besteht. Diese Mischung ist auch für Töpfe gut geeignet, vorausgesetzt, Sie

bringen am Grund der Behälter jeweils eine Kiesdrainageschicht ein, die Sie mit einem Filtervlies abdecken, damit sie länger funktionsfähig bleibt.

Steingartenklassiker

Deutscher Name	Botanischer Name	Blütenfarbe
Mannsschild	*Androsace sempervivoides*	rosa
Arabische Gänsekresse	*Arabis procurrens*	weiß
Grasnelke	*Armeria maritima*	rosa
Karpaten-Glockenblume	*Campanula carpatica*	blau
Dalmatiner-Glockenblume	*Campanula portenschlagiana*	violett
Heide-Nelke	*Dianthus deltoides*	dunkelrosa
Feder-Nelke	*Dianthus plumarius*	weiß, rosa
Hungerblümchen	*Draba aizoon*	gelb
Grauer Storchschnabel	*Geranium cinereum*	kirschrot
Sonnenröschen	*Helianthemum*-Sorten	gelb, rosa
Zwerg-Schwertlilie	*Iris pumila*	blau, gelb
Islandmohn	*Papaver nudicaule*	gelb, orange
Steinbrech	*Saxifraga*-Arten und Sorten	weiß
Fetthenne	*Sedum*-Arten	gelbgrün
Hauswurz	*Sempervivum*-Arten	gelbgrün
Thymian	*Thymus*-Arten	violett

LINKS Die nässeempfindlichen Hauswurze, die früher auf Hausdächern heimisch waren, fühlen sich auch in Töpfen wohl, sofern das Erdsubstrat durchlässig ist. Damit die fleischigen Blätter nicht faulen, sollte die Oberfläche der Erde mit feinem Schotter oder „Lecaton" abgedeckt werden.

Kompost — das Gold des Gartens

Kompost-Einmaleins

Darf auf dem Kompost	Darf nicht auf dem Kompost
Sommerschnitt der Hecken	Holzstücke, dick
Rasenschnitt, angetrocknet, locker	Samenunkräuter
Stroh	Wurzelunkräuter
Gartenabfälle, gehäckselt	Küchenabfälle, tierisch
Holzstückchen	Kranke Pflanzen
Unkraut, nur samenfrei	Faules Obst
Rückschnitt von Stauden und Sommerblumen	Blech, Gummi, Steine, pflanzliche Küchenabfälle
Pferde-, Rinder- oder Hühnermist	Kunststoffe
Laub, lockere Schichten	
Holzasche	
Säge- und Hobelspäne	

Der klassische Komposthaufen, auf lebendiger Erde sachkundig aufgeschichtet und wenigstens einmal umgesetzt, hat wohl in unseren kleinen Gärten keine Chance mehr. Seine Kultivierung ist zu platz- und zeitaufwändig. Selbst gebaute rechteckige Holz- oder Lochblech-Kompostlegen von etwa einem Quadratmeter Grundfläche, Kompostsilos ähnlicher Größe aus Maschendraht oder Drahtgeflecht, sind für moderne Gartengrößen vollkommen ausreichend. Praktisch, nur etwas teurer, sind so genannte Thermo-Komposter, meist aus Recycling-Kunststoff. Sie sind dickwandig und gut wärmeisoliert, was den Verrottungsvorgang beschleunigt und den fertigen Kompost schon nach etwa neun Monaten bereithält.

Bei den geschlossenen Thermokompostern, wie zum Beispiel Thermoquick oder Aeroquick, ist durch optimale Luftzufuhr eine praktisch geruchlose Kompostierung gewährleistet. Weitere Hilfsmittel auf dem Weg zum guten Kompost sind Zusätze auf mineralischer und organisch-bakterieller Basis. Ein Kompost ist reif, wenn alle Abfälle sich in braune, krümelige Erde umgewandelt haben. Er riecht dann nach gutem Laubwaldboden. Ausgereifter Kompost ist eine milde, ausgewogene Form der Düngung, er darf nie untergegraben, sondern nur oberflächlich ausgebracht werden.

LINKS Mit Hilfe der praktischen Komposter ist die Arbeit mit Kompost eine saubere Sache geworden.

LINKS Im kleinen Garten darf auch der Schrank für die Geräte zu einem ansehnlichen Objekt werden. Sein dunkles Blau ist eine Zierde und braucht sich nicht im Grünen zu verstecken.

OBEN Ein Arbeitsplatz, an dem Sie in aufrechter Haltung verschiedene Arbeiten erledigen können (Topfen, Pikieren, Aussäen oder auch einen Blumenstrauß zusammenstellen), ist ein Muss für jeden.

Gartengeräte gut verstaut

Laubbesen, Spaten, Harke, Krail und Grabegabel, Kistchen zur Pflanzenanzucht, Tomatenhauben, Bambusstöcke und Düngerreste, Gießkanne, Rasenmäher und Heckenschere — es sammelt sich vieles an und will ordentlich untergebracht werden. Ein kleiner Geräteschuppen ist dafür von unschätzbarem Wert.

Es gibt Bausätze zum Selberbauen, es gibt fertige Häuser im Baumarkt, die durch einen bunten Anstrich ihr langweiliges Standard-Aussehen verlieren, und es gibt Möglichkeiten die Garage oder den Carport um einen entsprechenden Raum zu vergrößern.

Schon die geringste Größe von 150 x 210 cm und 210 cm Höhe, bringt großen Nutzen. Wenn Sie ein solches Häuschen selber bauen können, sehen Sie ein begrüntes Dach vor und an der Seite eine Kletterrose. Schon ist das Bauwerk hübsch kaschiert und in den kleinsten Garten integriert.

Auch in Verbindung mit einem Carport sollten Sie an die Möglichkeit einer Begrünung des gesamten Daches denken.

Selbstverständlich können Sie auch im kleinen Garten ein größeres Gerätehaus aufstellen, in dem Sie zusätzlich die Fahrräder und Gartenmöbel unterbringen. Ein solches Haus wird wohl einen erheblichen Teil Ihres Gartens einnehmen und sollte dann nicht verborgen, sondern als bewusst schön zu gestaltendes, wichtiges Bauwerk wahrgenommen werden.

Durch einen hübschen farbigen Anstrich, passend oder ergänzend zu Farben in der Umgebung, kann dieses Gerätehaus zu einem erfreulichen Bestandteil Ihres Gartens werden.

Wie auch immer Ihr Geräteschuppen aussieht, wichtig ist, dass er auf einem wasserdurchlässigen Kiesunterbau steht. Möglichst so, dass unter dem Boden Luft durchziehen kann, zugleich aber Ratten oder Mäuse keine Möglichkeit haben, sich dort häuslich niederzulassen und ihre Vorräte zu verspeisen.

Das Drumherum — Zäune und Hecken

OBEN Dieser Bretterzaun ist wegen seiner Farbe ein echter Blickfang. Es ist erstaunlich, wie kräftig die Gartenblumen vor dem dunkelblauen Hintergrund wirken. Nachmachen! Etwas weniger kräftig gefärbte Holzzäune gibt es auch in den Gartenmärkten. Sie sind häufig kombinierbar mit verschieden gestalteten Rankgittern, die je nach Belieben Ein- oder Ausblicke gewähren.

Bevor Sie an die Planung Ihres Zauns oder einer Hecke auf der Grundstücksgrenze gehen, bitte sehen Sie im örtlichen Bebauungsplan (Bauamt der Gemeinde) nach, was vorgeschrieben ist. Wenn Sie sich daran halten, ersparen Sie sich unter Umständen viel Ärger mit Ihren Nachbarn.

Der berühmte Lattenzaun mit Zwischenraum um hindurchzuschaun, wäre in vielen Fällen ein guter Abschluss Ihres Grundstückes. Er bietet viele Möglichkeiten, die meist senkrecht angeordneten Latten zu gestalten: Breit oder schmal, glatt gehobelt oder rauh belassen, in gleichen Abständen oder unregelmäßig angebracht, in der Höhe gleich lang oder verschieden hoch, die oberen Enden waagerecht, schräg oder rund geformt und, und, und. Sie werden sicherlich auch noch Ideen haben wie Sie Ihren ganz persönlichen Lattenzaun gestalten könnten.

LINKS Grüner geht's fast nicht mehr. Man glaubt mit sich und den Pflanzen alleine zu sein. Kleine abgetrennte Räume geben dem Garten Gemütlichkeit – sie sind ideale Aufenthaltsorte. Am schönsten sehen grüne Wände aus Heckenpflanzen wie Hainbuchen und Eiben aus.

Vielleicht finden Sie aber auch unter den vielen Fertigprodukten einen, der Ihnen gefällt oder Sie wählen einen schlichten Maschendrahtzaun, aus dem Sie mit Hilfe von Efeu, Clematis oder Jasmin eine dichte grüne Wand machen.

Lebende Hecken sind in ihrer Erlebnisvielfalt kaum zu übertreffen. Sie schaffen Räume, sie spiegeln die Jahreszeit, sie halten den Wind ab, mal kann man hinausschauen, mal nicht, die Vögel fliegen ein und aus, manche brüten dort, manche singen dort, Spinnen weben ihre Netze zwischen den Ästchen, und man hat das große Erlebnis des Heckeschneidens, bei dem man wahrscheinlich seine Nachbarn trifft.

Hecken können Sie aus fast jedem Gehölz formen: Immergrüne Hecken aus Eibe, Buchsbaum, Fichte, Lebensbaum, Kirschlorbeer und vielen anderen wintergrünen Sträuchern. Wichtig ist, dass zweimal im Jahr geschnitten wird und zwar Ende Juni und Anfang September und dass Sie darauf achten, niemals bis in das trockene, braune Holz zu schneiden, sondern immer nur die grünen

Triebe einzukürzen. Wahrscheinlich wird auch Ihre Hecke im Laufe der Jahre immer breiter werden (wie die in alten englischen Parks), aber die Entscheidung darüber, was dann mit der Hecke geschieht, können Sie getrost der kommenden Generation überlassen.

Ebenso sind fast alle Blütensträucher als Heckenpflanzen nutzbar. Es muss nicht immer die normale Hainbuche oder der Liguster sein, auch Forsythie, Kornelkirsche, Blutjohannisbeere oder Falscher Jasmin lassen sich zu hübschen, blühenden Hecken heranziehen. Hier empfiehlt sich ebenfalls ein zweimaliger Schnitt.

Heckenmodelle nach Maß

Geschnittene Laubhecke	Immergrüne Hecke
Höhe 150 bis 175 cm	Höhe 150 bis 175 cm
Pflanzenabstand 35 cm (3 Stück je Meter)	Pflanzabstand 40 cm (2,5 Stück je Meter)
Pflanzenhöhe 125 bis 150 cm mit oder ohne Ballen	Pflanzenhöhe 150 bis 175 cm mit Ballen

▶ Pflanzen mit Ballen sind teurer als ohne, sind aber größer und wirken „fertiger".

▶ Die beste Pflanzzeit ist das Frühjahr.

LINKS Märchenhaft wirkt dieser Gartenpavillon und man möchte am liebsten gleich eintreten und sich zu einer Tasse Tee niederlassen. Einen schöneren Aufenthaltsort kann man sich an einem Sommernachmittag nicht wünschen.

Romantische Lauben und Pavillons

Ursprünglich verbinden wir mit dem Begriff der Laube immer Pflanzen. Ein Gestell aus Metall oder Holz, überwachsen mit Kletterpflanzen, kühl, lauschig halbdunkel, so sahen die ersten gebauten Lauben aus. Denken Sie nur an die herrlichen Weinlauben, die wir heute noch gerne aufsuchen. Wahrscheinlich störten aber nach und nach die herunterfallenden Blätter und Tierchen, so dass die Lauben zunehmend feste Dächer bekamen und Pavillon ge-

nannt wurden. Sie wurden prächtiger und größer, sie wurden zum schützenden Aufenthaltsort für die Familie oder Gäste, und sie wurden Blickpunkte oder optische Höhepunkte im Garten. Einen Pavillon nachträglich in einem kleinen Garten unterzubringen ist fast unmöglich. Wenn Sie sich einen solchen zulegen wollen, müssen Sie Ihre ganze Planung von vorne herein darauf ausrichten, denn er wird das dominanteste Element in Ihrem Garten sein.

Duftende Kletterpflanzen

▶ Clematis
(Clematis flammula, C.rehderiana)

▶ Hopfen (Humulus lupulus)

▶ Kletterhortensie (Hydrangea petiolaris)

▶ Duftwicke (Lathyrus odoratus)

▶ Geißblatt (Lonicera x heckrottii,
L. x tellmanniana, L. x serotina)

▶ Kletterrose
('Compassion' 'Ilse Krohn Superior')

Ein bewachsener Laubengang

kann auch ein Thema für einen kleinen Garten sein. Gebogene Metallstreben werden wie ein Tunnel hintereinander gestellt, und dieser Tunnel führt zum Beispiel von der Garage am Haus an einer Seite des Grundstückes entlang fast bis zu dessen Ende. Dort steht (im Hellen) eine Bank, ein schöner Busch, eine Säule, ein großer Stein oder was Sie interessant finden. Dieser Gang verbindet die einzelnen Abteile des

Lauben perfekt in Szene setzen

▶ Ist Ihr Gartengrundstück lang und schmal, können Sie im hinteren Teil einen Schwerpunkt setzen.

▶ Ist Ihr Grundstück abgewinkelt, können Sie in dem nicht einsehbaren Teil eine Attraktion schaffen.

▶ Hat Ihr Grundstück einen Bereich, wo Sie gerne sitzen würden um die Aussicht zu genießen, können Sie dies von einer kleinen Laube aus tun.

▶ Konnten Sie Ihren Geräteschuppen um eine kleine Laube erweitern, können Sie dort Arbeiten und Ausruhen verbinden.

▶ Ist Ihr Gartenplan formal und symmetrisch aufgebaut, kann am Ende der Mittel- (oder einer anderen) achse eine Laube stehen.

Gartens: Die Rasenfläche an der Terrasse, die Blumenbeete, die Gemüsebeete, den Spielbereich. Passend dazu ist der Laubengang berankt mit Wein an der Terrasse, mit Rosen bei den Blumenbeeten, mit dornenlosen Brombeeren oder Feuerbohnen bei den Gemüsebeeten und mit Flaschenkürbissen beim Spielbereich.

Ein bescheideneres Motiv aus dem vorigen Jahrhundert hat im kleinen Garten durchaus immer noch seine Berechtigung, die so genannte Rosenlaube. Ein doppelter Bogen, durch Stege miteinander verbunden, spannt sich über eine Bank. Von beiden Seiten wachsen Rosen darüber. Es könnte ein Detail im Garten sein, das nicht nur das Hinsetzen, sondern auch das Anschauen verdient.

LINKS Der Lieblingsplatz in der Abendsonne – geschützt von einer charmanten Holzkonstruktion, zartlila gestrichen. Durch die offenen seitlichen Spaliergitter dringen die Blütendüfte hinein. Diese Laube, die ein wenig an ein Schilderhäuschen erinnert, hat die richtige Größe für Ihren kleinen Garten – wahrscheinlich ist sie eine Sonderanfertigung, und Sie müssten sich selber an den Nachbau wagen.

RECHTS Einer der typischen, modernen Hausbäume ist die Kugelrobinie *(Robinia pseudoacacia 'Umbraculifera')*. Sie ist besonders für schmale Vorgärten geeignet. Ihr lockeres, leichtes Laub bedrängt nichts und niemanden, ihre Größe wird nicht beängstigend und sie wird niemals die Höhe des Dachfirstes erreichen. Das Haus wird dominant bleiben. Diese Art blüht zwar nicht, aber in ihrem dicht verzweigten Geäst nisten gerne Vögel.

Der Hausbaum — Begleiter für viele Jahrzehnte

Es gab Zeiten, da waren große alte Laubbäume heilig, da durften sie noch groß und alt werden. Sie standen an Bauernhäusern, im Mittelpunkt von Dörfern, sie waren die Krönung von Hügeln oder bildeten Alleen. Wir Menschen sind seitdem enger zusammengerückt und haben etwas weniger Platz um uns herum. Auch scheint uns Großes zu bedrängen, und wir möchten nicht gerne umgeben sein von Dingen, die wir nicht recht in den Griff bekom-

men und deshalb unangenehm stören. Daher hat es der gute alte beschützende Hausbaum so schwer. Er macht im Sommer zu viel Schatten, am Boden wächst kein schönes Gras mehr, sondern Moos, im Herbst fällt zu viel Laub, die Dachrinnen verstopfen, die Zweige hängen ins Nachbargrundstück (bei Sturm könnten sie abbrechen) – gibt es überhaupt noch ein Argument für einen Hausbaum? Ja, seine Ehrfurcht gebietende Schönheit!

Wenn Sie trotz großen Engagements keine Möglichkeit sehen, auf Ihrem Grundstück einen richtig großen Hausbaum (eine Linde, Eiche, Platane, Walnuß oder einen Apfelhochstamm) zu pflanzen, weil es wirklich zu klein dafür ist, werden Sie sich hoffentlich auch nicht für eine pflegeleichte immergrüne Konifere entscheiden, eine Zeder etwa oder eine Schwarzkiefer – auch sie werfen beachtliche Mengen von Nadeln ab!

Bäume — Akzente in Klein

Deutscher Name	Botanischer Name	Wuchs	Blütezeit	Blüten/Farbe
Kugel-Trompetenbaum	*Catalpa bignonioides* 'Nana'	kugelige Krone, großes Laub	VI bis VII	unscheinbar weiß
Katsurabaum	*Cercidiphyllum japonicum*	jung aufrecht, später breit	IV	starke gelbe Herbstfärbung
Pagoden-Hartriegel	*Cornus controversa*	trichterförmig, dekorativer Wuchs	V	weiß
Blumen-Hartriegel	*Cornus florida* 'Rubra'	breit aufrecht, locker	V	rosaweiß
Apfel-Dorn	*Crataegus lavallei* 'Carrierei'	Hochstamm, locker, kugelig	V bis VI	weiß
Blumen-Esche	*Fraxinus ornus*	locker, breit oval	V	weiß, duftend
Scharlach-Kirsche	*Prunus sargentii*	trichterförmig, aufrecht	I bis V	rosa
Schwedische Mehlbeere	*Sorbus intermedia*	kegelförmig kompakt	V bis VI	weiß, Frucht orangerot
Gold-Ulme	*Ulmus x hollandica* 'Wredei'	breit säulenförmig	III bis IV	bräunlich-violett; gelbe Blattfärbung

OBEN Eine wahre Weide für Ihren Garten ist der Schmetterlingsstrauch *(Buddleja-Davidii-Hybriden)*. Nicht nur für Ihr Auge, sondern auch für Schmetterlinge und Bienen.

RECHTS Der Kugel-Ahorn *(Acer platanoides* 'Globosum'*)* ist ein schöner, kleinwüchsiger Hausbaum. Im Herbst taucht er Ihren Garten in ein Hauch von Goldgelb.

Mit dem Fotoapparat ist schnell ein schönes Bild gemacht — in Wirklichkeit dauert es etwas länger bis alles so schön ist, wie wir uns das vorgestellt hatten. Die folgenden praktischen Hinweise sollen Ihnen dabei helfen, vielleicht ein paar Fehler zu vermeiden und etwas schneller ans Ziel Ihrer Träume zu kommen.

Praxiskapitel

Geräte – was man für kleine Gärten braucht

Werkzeuge von guter Qualität sind eine Investition fürs Leben! Kaufen Sie sich nur Gartengeräte, die Sie gerne in die Hand nehmen, dann wird die Gartenpflege fast wie von selbst zur erfreulichen Beschäftigung. Wie schon erwähnt, haben sich besonders rostfreie Spaten und Pflanzschaufeln bewährt, denn sie sind immer glatt und gleiten leicht in die Erde, auch wenn Sie das Putzen einmal vergessen haben sollten. Wer in der glücklichen Lage ist, einen Schuppen in seinem Garten zu besitzen, kann dort im Trockenen die Gartengeräte aufbewahren, am besten an der Wand hängend. Das Gleiche gilt auch, wenn Sie nur einen Kellerraum für die Aufbewahrung zur Verfügung haben. Entsprechende Vorrichtungen gibt es in den Gartencentern.

Das von Ihnen benötigte Werkzeug spiegelt zwangsläufig Ihre gärtnerischen Neigungen wieder und hängt von der Größe Ihres Grundstückes ab.

Kleine Standardausrüstung

- Spaten
- Hacke
- Grubber
- Grabegabel
- Laubbesen
- Gartenschere
- Baumsäge
- Handschaufel
- Handhacke
- Gießkannen, evtl. Gartenschlauch und Sprenger
- Handrasenmäher

Geräte – perfekt eingesetzt

- **Der Spaten** ist das wichtigste Gerät für die Gartenarbeit, wer ihn geschickt zu benutzen weiß, kann fast alle Arbeiten mit ihm erledigen, zumindest aber Umgraben, Abstechen, Pflanzlöcher ausheben, Erde schaufeln.

- **Die Hacke,** eine Zug- oder Stoßhacke, wird zur oberflächennahen Bodenbearbeitung benutzt. Mit dem scharfen Metallblatt werden zum Beispiel Unkräuter dicht unter der Bodenoberfläche „abgeschnitten".

- **Der Grubber** meist mit drei, manchmal mit mehr Zinken dient zur flachen Auflockerung des Bodens, etwa um das keimende Unkraut zu stören oder nach Regengüssen die Bodenoberfläche wieder zu lockern.

- **Der Sauzahn** besitzt einen sichelförmigen Zinken, mit dessen Hilfe die Erde bis in die Tiefe gelockert wird, ohne sie umzuwenden. Er ist besonders auf schweren Böden und für eine Lockerung zwischen den Reihen geeignet.

- **Die Grabegabel** ist wie ein Spaten mit Löchern. Sie lockert bzw. belüftet den Boden tiefgründig, ohne die Schichtung des Bodens (Bodenlebewesen!) so nachhaltig zu stören, wie es beim Umgraben mit dem Spaten geschieht.

- **Der Laub- oder Rasenbesen** kann nicht nur in jedem Herbst gebraucht werden, neben Rasenflächen lassen sich auch Kiesbeete und Pflasterflächen vorzüglich damit reinigen.

- **Die Gartenschere** ist nach dem Spaten das zweitwichtigste Werkzeug des Gärtners. Schon bei der Gartenanlage brauchen Sie die Schere zum Zurückschneiden der neu zu pflanzenden Gehölze und Rosen. Wenn es später dann auf den Beeten wächst und blüht, zum Schneiden der Blumensträuße und nach einigen Jahren, wenn die Gehölze beginnen groß zu werden, zu ihrem gezielten Rückschnitt, damit sie nicht den Rahmen Ihres Gartens sprengen. Die Gartenschere wird Ihr ständiger Begleiter sein, im Laufe der Zeit ergänzt durch eine gute Baumsäge.

- **Die Handschaufel und Handhacke** benötigen Sie für intensive, kleinräumige Pflanz- und Pflegearbeiten, zu denen man sich bücken muss, zum Beispiel für das Pflanzen von Blumenzwiebeln, Sommerblumen und Stauden, gezieltes Ausgraben von Unkräutern zwischen Stauden oder das Auflockern von kleinen Flächen zwischen Pflanzen.

- Auch **die Gießkannen** in zwei Größen sind nötig. Die große 10 bis 12 l Kanne für Beete und Blumenkübel, eine kleine 1 bis 3 l Kanne für Topfpflanzen, Aussaaten und andere empfindliche Pflanzen.

- **Gartenschlauch und Regner** können in größeren Gärten nicht nur zur Erfrischung der Pflanzen, sondern auch zur Abkühlung von Menschen eingesetzt werden.

- Ob Sie **einen Rasenmäher** benötigen, müssen Sie selbst bereits bei der Anlage Ihres Gartens entscheiden.

OBEN Sand, Steinmehl, Hornspäne oder anderes von Hand ausbringen und anschließend einarbeiten

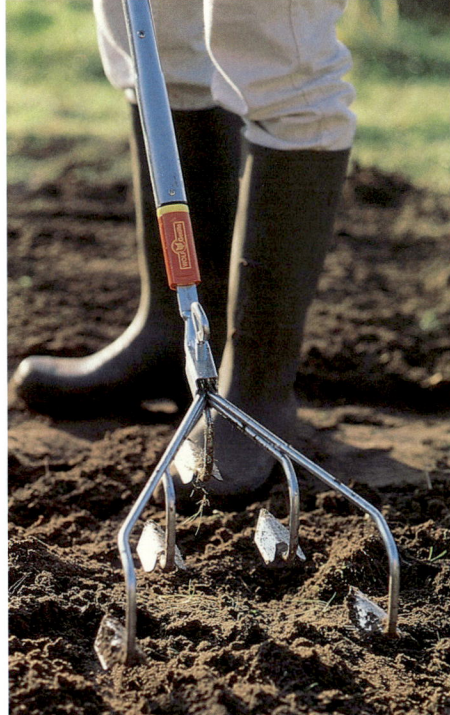

LINKS Mit solch einem Grubber oder Kultivator können Sie den Boden tief lockern (im Herbst) oder flach (vor der Aussaat im Frühjahr). Im kleinen Garten können Sie sich die Anschaffung einer Harke sparen, zum Harken und Lockern genügt der Grubber.

LINKS Für leichte und mittlere Böden genügt das Lockern mit einer Grabegabel. Den derart „gelüfteten" Boden im Winter mit Laub abdecken.

Den Boden gut vorbereiten

Gleichgültig wie und von wem Sie Ihren Garten übernehmen, das Wichtigste ist es, der Bodenpflege allergrößte Aufmerksamkeit zu schenken.

Wenn Sie stark verdichteten Boden haben oder von Ihrem Vorgänger übernehmen (wie die Hinterlassenschaft einer Baufirma), sollten Sie zur Bodenstrukturverbesserung unbedingt grobkörnigen Naturkompost (vom kommu-

nalen Kompostierwerk) einarbeiten, zusätzlich bei Lehmböden groben Sand und bei leichten Sandböden etwas Lehm untermischen. Besonders segensreich ist eine Gründüngung, bevor Sie mit dem Pflanzen beginnen. Auch Steinmehl oder Algendünger, Horn- oder Knochenmehl sind hervorragende Mittel, um die Bodenstruktur zu verbessern. Die Bearbeitungstiefe sollte 25 bis

30 cm nicht überschreiten, denn nur bis zu dieser Tiefe findet das Hauptwurzelwachstum statt. Allerdings ist eines unbedingt zu beachten: Diese oberste Humusschicht darf nicht über einem wasserundurchlässigen verdichteten Unterboden liegen (Staunässe!). Sollte eine solche vorhanden sein, muss sie vor dem Ausbringen von Mutterboden unbedingt durchbrochen werden.

OBEN Vermehrung von Pflanzen durch Stecklinge – hier der frisch eingetopfte Geranien-Nachwuchs.

OBEN Gleichmäßiges Feuchthalten ist die wichtigste Voraussetzung für den Saaterfolg.

OBEN Direktsaat im Freiland: Breit gestreut oder in Reihen. Auf die Saattiefe der verschiedenen Pflanzen achten.

Pflanzenkinderstube

Aussaat ganz einfach

Ein Saatbeet im Freien muss locker, feinkrümelig, feucht und nahrhaft sein. Warten Sie mit dem Säen, bis der Boden warm ist (bei Sandböden früher, bei Lehmböden später) und verwenden Sie nur erstklassiges Saatgut. Die Samen werden in Reihen oder breitwürfig ausgebracht und nur so dick mit Erde bedeckt, wie der Durchmesser des Kornes ist. Mit der Hand oder einem Brettchen leicht festdrücken und vorsichtig angießen. Es ist wichtig, die Samen und folgenden Keimlinge stets gleichmäßig feucht zu halten. Dazu die Aussaatstelle eventuell mit einer Schlitzfolie abdecken.

Und noch ein Tipp: Säen Sie nicht zu dicht, die jungen Pflanzen bekommen sonst zu wenig Luft, bedrängen sich gegenseitig, werden dünn, hoch und fallen um.

Um nach den langen Wintermonaten so früh wie möglich an neue Setzlinge zu kommen, empfiehlt sich die Aussaat im Frühbeet, unter Folie oder am Fensterbrett.

Die Aussaaterde sollte sandig-humos und sehr feinkörnig sein und wenig Nährstoffe enthalten. Es gibt derartige Erden fertig zu kaufen. In jedem Fall müssen Sie darauf achten, dass die Sämlinge immer feucht (nicht nass, wegen Schimmelbildung!) sind und unter der schützenden Abdeckung nicht zu heiß werden, was in der Frühlingssonne leicht geschehen kann (Gefahr von Verbrennungen).

Verschiedene Kräuter, Stauden, Sommerblumen, Kübelpflanzen oder Gehölze lassen sich sehr einfach durch Stecklinge vermehren. Es werden dazu nicht mehr ganz junge, sondern schon etwas ausgereifte Triebspitzen ohne Blütenansatz verwendet, wie sie bei den meisten

Pflanzen etwa im August zur Verfügung stehen. Man trennt den geeigneten Spross, der etwa vier bis sechs Blätter haben sollte, knapp unterhalb des nächsten (zum Beispiel siebten) Blattansatzes ab. Dann werden die untersten zwei bis drei Blätter entfernt und die nächsten beiden gegebenenfalls eingekürzt. Bedenken Sie, dass der noch wurzellose Steckling all seine Blätter versorgen muss, und Sie werden das richtige Verständnis für seine Behandlung herausfinden.

Füllen Sie dann einige Töpfe oder Schalen mit Anzuchterde, bohren Sie mit einem Hölzchen Löcher hinein und setzen Sie die Stecklinge so tief hinein, dass das unterste Blatt 1 cm über der Erde sitzt. Andrücken, angießen, mit einer durchsichtigen Haube abdecken. An einem hellen Ort aufstellen. Regelmäßig lüften, damit sich in der hohen Luftfeuchtigkeit keine Schimmelpilze bilden.

LINKS Ballenpflanzen zunächst durchdringend wässern, ein Pflanzloch von doppelter Ballengröße ausheben, mit lockerem Gemisch aus Aushub und Kompost verfüllen, die Pflanze in der Höhe, wie sie vorher gestanden hatte hineingeben, das Ballentuch aufknoten, Gießrand herstellen und gut angießen.

OBEN LINKS Hilfreich ist dieses Gerät zum Pflanzen großerer Zwiebeln, eine Handschaufel ist aber auch geeignet.

LINKS Ein Drahtkorb bietet einen gewissen Schutz gegen Wühl- und Feldmäuse

Einfach gepflanzt

Wenn der Boden gut vorbereitet ist, wird das Pflanzen zum Kinderspiel. Wo Sie mit Ihrer bloßen Hand leicht in die Erde eindringen können, schaffen es die Pflanzenwurzeln auch und sie werden Ihnen einen so guten Platz mit üppigem Wachstum danken.

Für die beiden Hauptpflanzzeiten: März/Mai und September/November gilt grundsätzlich: Frühjahrsblüher im Herbst pflanzen und Herbstblüher im Frühjahr, zu dieser Zeit möglichst auch die Gräser und Immergrünen in die Erde bringen.

OBEN Tomaten gehören zu den Pflanzen, die tief gepflanzt werden können, sie treiben am Stamm neue Wurzeln. Über einen versenkten Blumentopf kann man ihren großen Wasser- und Nährstoffbedarf gut befriedigen.

Goldene Regeln zur Pflanzung

▶ Niemals angetrocknete oder trockene Wurzeln oder Ballen in die Erde bringen, stets vorher wässern.

▶ Pflanzlöcher stets doppelt so groß machen, wie Wurzel- oder Ballenumfang ist, mit einer Mischung aus vorhandenem Boden und Kompost füllen.

▶ Pflanzen stets nur so tief setzen, wie sie vorher gestanden haben.

▶ Gießrand herstellen und durchdringend wässern, am besten mit einem weichen Strahl aus dem Schlauch und nicht mit einer Brause.

▶ Frisch gesetzte Blattpflanzen einige Tage vor intensiver Sonneneinstrahlung schützen (Papier, Reisig, Lochfolie), da sonst zarte grüne Blätter verbrennen.

▶ Umtopfen von Kübelpflanzen etwa alle 3 bis 4 Jahre, Durchmesser des neuen Topfes 10 cm größer, Blähtonkugeln als Drainage am Boden des Topfes nicht vergessen.

Jahresarbeits-Kalender

Januar

▶ Kübelpflanzen durchputzen, auf Schädlingsbefall und Schimmel untersuchen.

▶ Wintergrüne Pflanzen bei Sonneneinstrahlung schattieren, Wurzelballen feucht halten.

▶ Schneelast von bruchgefährdeten Gehölzen, besonders Immergrünen, abschütteln.

▶ An schneefreien Tagen prüfen, ob gefräßige Nager unter dem Schnee ihr Unwesen getrieben haben, gegebenenfalls Köder auslegen.

▶ An frostigen und sonnigen Tagen, ohne Schneedecke, Steingartenpflanzen und Rhododendren mit Frostschutzfolie abdecken, Pflanzen vertrocknen sonst.

Februar

▶ Winterschnitt an den Obstbäumen vornehmen.

▶ Ziergehölze zurückschneiden und verjüngen.

▶ Bei bereits abgetrocknetem Boden (Erde klebt nicht mehr am Schuh) Pflanzbeete vorbereiten. Bodenverbesserungsmittel (Sand, Gesteinsmehl, Kalk, Rindenhumus, Hornspäne) wo nötig aufbringen und einharken.

▶ Erste Aussaat von Sommerblumen und Gemüsepflanzen auf hellem Fensterbrett möglich. Knollenbegonien antreiben.

▶ Auf die Staudenbeete einen organisch-mineralischen Volldünger geben und oberflächlich einharken

März

▶ Ziergehölze, Hecken und Bäume um- und neupflanzen.

▶ Ende des Monats Winterschutz von Gehölzen entfernen.

▶ Rasen lüften, abharken oder erstmalig mähen. Anschließend Rasendünger ausbringen.

▶ Kübel- und Balkonpflanzen teilen, zurückschneiden und umtopfen.

▶ Stecklinge von Pelargonien, Fuchsien und anderen machen.

▶ Teich ausräumen, alte Blätter und abgestorbene Pflanzenteile, auch Schlamm entfernen.

▶ Erstes Gemüse (Salat, Wirsing, Weiß- und Rotkohl) auspflanzen, Steckzwiebeln stecken.

▶ Möhren, Rettich, Schwarzwurzel aussäen.

April

▶ Rosen von Winterschutz befreien, zurückschneiden, düngen und mulchen.

▶ Neupflanzungen im Stauden- und Sommerblumenbeet.

▶ Schnecken beobachten, eventuell bekämpfen.

▶ Dahlien teilen und im Topf vortreiben.

▶ Kletterpflanzen schneiden, Triebe anbinden.

▶ Kübelpflanzen können an geschützte Stellen nach draußen, nicht in die Sonne.

▶ Blumenkästen herrichten.

▶ Blumenkohl, Brokkoli und Kohlrabi auspflanzen.

▶ Ersten Salat ernten und Tomaten, Zucchini, Gurken, Kürbis vorkultivieren.

Mai

▶ Aussaat wärmeliebender Gemüsearten (Bohnen, Kürbis, Zuckermais, Salatgurken) im Freien. Radieschen, Rettich und Möhren in Folgesätzen aussäen.

▶ Gemüsearten nach den Richtlinien der Mischkultur auf den Beeten anordnen.

▶ Nach den Eisheiligen Balkon- und Kübelpflanzen an ihren endgültigen Platz stellen. Zweijährige Sommerblumen (Stockrosen, Bartnelken, Stiefmütterchen, Goldlack) aussäen.

▶ Seerosen und andere Wasserpflanzen einsetzen.

▶ Stroh im Erdbeerbeet auslegen.

▶ Hohe Stauden früh genug anbinden.

Juni

▸ Abgeblühte Stauden zurückschneiden.

▸ Samenstände auszwicken.

▸ Boden leicht hacken und Unkräuter entfernen. Feiner Rindenmulch wirkt positiv auf Bodengare und Wasserhaushalt.

▸ Zwiebelblumen können nach dem Welken des Laubes herausgenommen werden, trocken lagern.

▸ Verwelkte Rosen regelmäßig ausputzen, flüssigen, stickstoffhaltigen Dünger geben.

▸ Sommerschnitt der Hecken durchführen.

▸ Kübel- und Balkonpflanzen nach Anweisung düngen.

▸ Kräuter ernten und trocknen.

Juli

▸ Verwelkte Blüten regelmäßig entfernen.

▸ Pflanzen anbinden.

▸ Ausreichend wässern, am besten am frühen Morgen oder abends.

▸ Sommerblumen und Stauden mäßiger düngen.

▸ Umpflanz- und Teilungsmöglichkeit für Stauden, die jetzt verblüht sind. Nötigenfalls anbinden.

▸ Herbstblühende Blumenzwiebeln (Herbstzeitlose, Herbstkrokus) jetzt setzen.

▸ Lange Kletterrosentriebe bogig nach unten binden.

▸ Korrigierenden Sommerschnitt der Obstgehölze vornehmen.

August

▸ Nachlassende Blühfreudigkeit von Sommerblumen kann durch einen Rückschnitt mit Düngergabe wieder angeregt werden.

▸ Ernten von Blumen für Trockensträuße und Kräutern für Tees.

▸ Kübelpflanzen nicht mehr düngen.

▸ Wenn Sie wollen: Rosen veredeln.

▸ Immergrüne jetzt pflanzen, damit sie bis zum Winter eingewurzelt sind.

▸ Kältetolerante Gemüse jetzt noch säen: Zuckerhutsalat, Spinat, Chinakohl, Feldsalat. Schwerbelastete Äste der Obstbäume stützen, faules Fallobst entsorgen.

▸ Auf bereits abgeernteten Beeten Gründüngung aussäen.

September

▸ Veränderungen im Staudenbeet jetzt vornehmen.

▸ Sommerblumenbeete allmählich abräumen, gesunde Pflanzen kompostieren, kranke entsorgen.

▸ Beste Pflanzzeit für Blumenzwiebeln, auch zur Topfbepflanzung für die Frühlingsterrasse. Rasen nicht mehr so oft mähen, guter Zeitpunkt für Neuanlage.

▸ Teich vor hereinfallendem Laub schützen beziehungsweise hereingefallenes Laub herausholen.

▸ Balkonkästen entleeren.

▸ Gemüse und Obst einlagern.

▸ Abgeerntete Himbeerruten abschneiden.

▸ Teilung und Neupflanzung von Erdbeeren.

Oktober

▸ Staudenbeete abräumen, Kompost aufbringen.

▸ Nicht winterharte Pflanzen einpacken (Strohmatten, Tücher, Frostschutzfolie).

▸ Laub vom Rasen schichtweise auf den Kompost bringen, oder unter Gehölzen und Bäumen ausbreiten.

▸ Dahlien und Gladiolen ausgraben und einwintern.

▸ Rosen nur etwas einkürzen und anhäufeln.

▸ Immergrüne tüchtig wässern.

▸ Schwere Böden umgraben, alle anderen nur oberflächlich lockern.

▸ Kübelpflanzen an frostfreie Plätze bringen, etwas zurückschneiden.

▸ Vogelfutterhäuschen aufstellen.

November/Dezember

▸ Immergrüne, gegen Wintersonne empfindliche Pflanzen, mit Reisig abdecken.

▸ Späte Gemüse (Zuckerhut, Spinat, Feldsalat) mit Vlies oder Folie schützen.

▸ Im Teich einen Eisfreihalter installieren, wenn Fische darin sind.

▸ Gartengeräte pflegen.

▸ Wühlmäuse sind im Winter leicht mit Köderfallen zu bekämpfen.

Die schönsten

Auf den folgenden Seiten finden Sie über 100 Pflanzen, die sich in kleineren Gärten wohlfühlen: kleine Bäume und Sträucher, bunte Blumen, grazile Gräser, urzeitliche Farne, schmackhaftes Obst und würzige Kräuter. Suchen Sie sich aus den schönsten Gartenpflanzen Ihre Favoriten aus.

Gartenpflanzen

Kleine Pflanzenkunde

Stauden, Zwiebel- und Sommerblumen — Es gibt ein-, zwei- und mehrjährige Blumen. Die ein- und zweijährigen werden als Sommerblumen bezeichnet. Man kann sie leicht selbst aussäen. Die einjährigen im Frühling, so blühen sie im gleichen Jahr. Zweijährige werden im Sommer ausgesät, sie blühen dann im nächsten Jahr. Sommerblumen können überall dazwischen gesetzt werden. Sie bringen schnell Farbe und Blütenfülle in jedes Beet.

Mehrjährige Blumen heißen Stauden, sie bleiben viele Jahre an der gleichen Stelle und werden nicht jährlich neu ausgesät oder gepflanzt. Es gibt unzählige wunderschöne Stauden für jeden Standort. Sie werden feststellen, dass die Liebe zu dieser Pflanzengruppe im Laufe der Gartenjahre mehr und mehr wächst und man gar nicht genug von diesen vielseitigen Kameraden bekommen kann.

Zwiebel- und Knollenpflanzen werden hier extra erwähnt. Sie gehören zu den mehrjährigen Blumen. Bekannte Vertreter sind Tulpen und Narzissen. Zwiebelblumen sind wirklich unkomplizierte Blüher, die schon früh im Jahr mit Schneeglöckchen und Winterling beginnen, dann mit Tulpen und Narzissen in überwältigender Farbpracht weitermachen und mit Lilien bis in den September hinein wunderbare Blickpunkte in Beete und Rabatten zaubern. Als Faustregel gilt: Gepflanzt wird zwei- bis dreimal so tief wie die Zwiebel dick ist. Wählen Sie winterharte Pflanzen aus, dann entfällt das zeitaufwändige Ausgraben von Zwiebeln und Knollen im Herbst.

Wichtig: Verblühtes bitte immer abschneiden, damit keine Samen angesetzt werden. So geht die ganze Kraft in die Zwiebel, die dann im Folgejahr wieder von neuem blühen kann.

Eine Auswahl der besten Stauden finden Sie ab Seite 82, Sommerblumen haben wir ab Seite 92 zusammengestellt. Die schönsten Zwiebelpflanzen finden Sie ab Seite 88.

Bei den Gräsern hat man die Wahl zwischen richtigen Zwergen und ausgesprochenen Riesen und allen erdenklichen Größen dazwischen. Die meisten Gräser wuchern, müssen also durch geeignete Maßnahmen (Pflanzung im Topf) eingedämmt werden. Ein Riesengras braucht mehr Platz als ein Zierstrauch, daher kann davon im kleinen Garten nur abgeraten werden. Klein bleibende Ziergräser sind unkomplizierte Begleiter im Staudenbeet. Die immergrünen unter ihnen sorgen sogar für schöne Blickpunkte im winterlichen Beet.

Farne lieben halbschattige bis schattige Plätze. Daher sind sie nicht für jeden Garten geeignet. Mit ihren verschiedenen Grüntönen und ungewöhnlichen Blättern können sie urzeitlichen Charakter in die ein oder andere Gartenecke bringen.

Gräser und Farne werden ab Seite 90 beschrieben.

Rosen werden nach verschiedenen Kriterien in sechs Klassen eingeteilt:

Beetrosen sind kompakt wachsende, in der Regel nicht höher als 60 cm wachsende Rosen, die, wie der Name sagt, beetweise oder in Gruppen gepflanzt werden.

Edelrosen sind die Rosen im klassischen Sinn und in einer unglaublichen Farb-, und Duftvielfalt erhältlich. Sie wachsen straff aufrecht und werden zwischen 80 und 100 cm hoch.

Kleinstrauchrosen werden auch Flächen- oder Bodendecker-Rosen genannt. Ihre herausragenden Eigenschaften sind die Blühwilligkeit, die vielfältigen Wuchsformen und nicht zuletzt die sehr gute Blattgesundheit. Das Farbspektrum bei **Strauchrosen** ist unüberschaubar und die Blütenformen reichen von einfach schalenförmig (ungefüllt) bis zu starkgefüllten großblumigen Sorten. Sie eignen sich für die Einzelstellung, Gruppen- und sogar Heckenpflanzungen.

Kletterrosen sind besonders für Pergolen und Bögen geeignet oder auch, da sie durchaus 3 bis 6 m hoch werden, frei wachsend in Bäumen.

Zwergrosen eignen sich auf Grund ihres Wuchses für Beeteinfassungen, Töpfe, Kübel und Balkonkästen.

Die einzelnen Rosenklassen sind ab Seite 96 beschrieben.

Auf Balkonstars und Kübelpflanzen-Klassiker kann man gar nicht verzichten. Schnell lässt sich mit diesen beiden Pflanzegruppen jede noch so kleine Ecke nachhaltig verschönern. Ein Topf an die richtige Stelle gesetzt, erfreut uns den ganzen Sommer über mit seiner Blütenfülle.

Pflanzen in Töpfen und Kübeln sind pflegeintensiv. Regelmäßiges Gießen und Düngen sind unverzichtbar, da sich die Pflanzen nicht so weit ausbreiten können, dass sie Wasser und Nährstoffe irgendwo finden. Vorratsdünger kann die wöchentliche Nährstoffgabe ersetzen. Aber die Gießkanne bleibt den ganzen Sommer über im Einsatz.

Für die Überwinterung der Kübelpflanzen braucht man einen kühlen, meist hellen Ort im Haus: Ein Wintergarten, das Treppenhaus oder auch ein heller Kellerraum sind ideal.

Suchen Sie sich ab Seite 110 Ihre Balkon-Highlights heraus und ab Seite 113 finden Sie die Kübelpflanzen, die wir Ihnen empfehlen.

Bäume und Sträucher In einem kleinen Garten haben nur sehr wenige Bäume und Sträucher Platz. In sehr kleinen Gärten (unter 80 m²) sollte man sich höchstens für zwei Sträucher entscheiden. Alle Gehölze nehmen im Laufe der Jahre mehr und mehr Platz ein. Geeignete Schnittmaßnahmen halten sie dennoch viele Jahre im Zaum. Bei Bäumen ist das schwieriger, außer man schneidet die Krone in Form von Kugeln.

Die Pflege ist einfach. Düngen und in Trockenzeiten wässern gehören im Sommer – besonders in den Jugendjahren – dazu. Nach einigen Jahren entfällt selbst das. Immergrüne Gehölze jedoch müssen vor dem Winter durchdringend gegossen werden, damit sie während der kalten Jahreszeit nicht vertrocknen. Ihre Wurzeln können bei Frost kein Wasser aufnehmen. Auch bei frostfreien Winterperioden sollte man ab und zu wässern, wenn man sieht, dass Wassermangel besteht. Schnittmaßnahmen sind vor allem bei Sträuchern erforderlich. Die meisten klein bleibenden Bäume brauchen keinen Schnitt.

Die schönsten Bäume und Sträucher finden Sie ab Seite 98.

Unkomplizierte Kletterkünstler kann man zum Verschönern von Maschendrahtzäunen genauso gut einsetzen wie für einen schnellen Sichtschutz auf Balkon und Terrasse. Einjährige werden im Frühjahr ausgesät und wachsen so schnell, dass meist schon nach zwei bis drei Monaten alles dicht ist. Im späten Herbst sterben sie dann ab. Im nächsten Frühjahr kann man, wenn man möchte, auch eine andere Pflanzenart ausprobieren. So hat man einmal einen blau blühen-den Sichtschutz und im nächsten Jahr einen roten.

Mehrjährige Kletterpflanzen kauft man meist als Jungpflanzen in Gärtnereien oder Gartencentern. Sie brauchen ein stabileres Gerüst als ihre einjährigen Geschwister, da sie mehrere Jahre an ihrem Platz bleiben.

Wir haben für Sie einige empfehlenswerte Kletterstars ab Seite 94 beschrieben.

Auf Gemüse, Kräuter und Obst muss man auch in einem noch so kleinen Garten nicht verzichten. Gemüse lässt sich schnell selbst aussäen, oder man kauft Jungpflanzen auf dem Wochenmarkt. Auch im Topf kann man viele Gemüse (Tomaten, Salat) und Kräuter ziehen und es gibt sogar ausgesprochenes Topfobst, so genannte Ballerina-Sorten, das sind als schmale Spindel gezogene Apfelbäumchen.

Für Gemüse und Kräuter brauchen Sie meist einen sonnigen Platz. Hat man den nicht, raten wir auf diese beiden Pflanzengruppen zu verzichten.

Obst und Gemüse sind eher pflegeintensive Pflanzen. Dafür belohnen Sie mit gesunden Ernten. Kräuter sind dagegen in aller Regel schnell und einfach anzubauen. Küchenkräuter, wie Schnittlauch und Petersilie, lohnen sich auf jeden Fall. Einige Kräuter, wie Pfefferminze, können wuchern. Sie müssen deshalb in einen Topf im Beet eingesenkt werden.

Empfehlenswertes Gemüse finden Sie ab Seite 106. Kräuter gibt es ab Seite 104. Und das Obst beginnt auf Seite 108.

Hohe Garbe, Gold-Garbe
Achillea filipendulina

Blüte: Juni bis September, goldgelb
Aussehen: 1 bis 1,2 m hoch und 50 cm breit, aufrecht buschig wachsend
Standort: sonnig
Verwendung: farbenfrohe Beete und Rabatten, Bienen- und Insektenpflanze, duftend, auch als Schnittblume
Vermehrung: Aussaat, Teilung

Weißblauer Eisenhut
Aconitum x cammarum 'Bicolor'

Blüte: Juni bis August, violettblau mit weiß
Aussehen: 1 bis 1,3 m hoch und 30 bis 50 cm breit, straff aufrecht wachsend
Standort: sonnig bis halbschattig
Verwendung: farbenfrohe Beete und Rabatten, Bienen- und Insektenpflanze, auch als Schnittblume
Vermehrung: Teilung

Kriechender Günsel
Ajuga reptans

Blüte: Mai bis Juni, blauviolett
Aussehen: 15 bis 20 cm hoch und 60 bis 90 cm breit, polsterbildend, schnell wachsend
Standort: sonnig bis halbschattig
Verwendung: farbenfrohe Beete und Rabatten, Bienen- und Insektenpflanze, für Töpfe und Kübel, Steingartenpflanze
Vermehrung: Aussaat, Teilung

Berg-Steinkraut, Gewöhnliches Berg-Steinkraut
Alyssum montanum

Blüte: April bis Juni, hellgelb
Aussehen: 5 bis 20 cm hoch und 50 cm breit, niederliegend bis buschig aufrecht
Standort: sonnig
Verwendung: farbenfrohe Beete und Rabatten, Bienen- und Insektenpflanze, für Töpfe und Kübel, Steingartenpflanze
Vermehrung: Aussaat, Stecklinge

Japanische Herbst-Anemone
Anemone hupehensis

Blüte: August bis September, rosa
Aussehen: 40 bis 80 cm hoch und 40 bis 50 cm breit, aufrecht buschig
Standort: sonnig bis halbschattig
Verwendung: farbenfrohe Beete und Rabatten, Bienen- und Insektenpflanze
Vermehrung: Aussaat und Teilung

Akelei
Aquilegia caerulea

Blüte: Mai bis Juni, blau und hellblau
Aussehen: 30 bis 60 cm hoch und 30 cm breit, aufrecht
Standort: sonnig bis halbschattig
Verwendung: farbenfrohe Beete und Rabatten, Steingarten, für Töpfe und Kübel
Vermehrung: Aussaat

Gänsekresse
Arabis caucasica

Blüte: März bis Mai, weiß
Aussehen: 10 bis 20 cm hoch und 40 bis 50 cm breit, polsterbildend
Standort: sonnig bis halbschattig
Verwendung: farbenfrohe Beete und Rabatten, Bienen- und Insektenpflanze, für Töpfe und Kübel, auch im Steingarten
Vermehrung: Aussaat, Teilung

Herbst-Aster, Kissen-Aster
Aster dumosus

Blüte: September bis Oktober, hellviolett
Aussehen: 20 bis 40 cm hoch und 20 bis 30 cm breit, kompakt buschig bis rundlich
Standort: sonnig
Verwendung: farbenfrohe Beete und Rabatten, Bienen- und Insektenpflanze, für Töpfe und Kübel, auch als Schnittblume und im Steingarten
Vermehrung: Aussaat, Teilung, Stecklinge

Prachtspiere, China-Astilbe
Astilbe chinensis

Blüte: August bis September, violettrosa
Aussehen: 45 bis 60 cm hoch und 40 bis 50 cm breit, aufrecht buschig, horstbildend
Standort: sonnig bis halbschattig
Verwendung: farbenfrohe Beete und Rabatten, Gehölzrand, Teichrand
Vermehrung: Aussaat, Teilung

Blaukissen
Aubrieta x cultorum

Blüte: April bis Mai, Farbvariationen in Blau, Karmin, Purpur, Rosa, Violett und Weiß
Aussehen: 8 bis 12 cm hoch und 50 bis 150 cm breit, flach polsterbildend
Standort: sonnig
Verwendung: farbenfrohe Beete und Rabatten, Bienen- und Insektenpflanze, für Töpfe und Kübel, Steingartenpflanze
Vermehrung: Stecklinge, Teilung, reine Arten durch Aussaat

Bergenie
Bergenia cordifolia

Blüte: April bis Mai, rosa
Aussehen: 40 bis 50 cm hoch und 50 bis 60 cm breit, breit und niedrig wachsend
Standort: sonnig bis halbschattig
Verwendung: farbenfrohe Beete und Rabatten, feuchter Steingarten, Teichrand
Vermehrung: Aussaat, Teilung

Kaukasus-Vergissmeinnicht
Brunnera macrophylla

Blüte: (März) April bis Juli, blau
Aussehen: 35 bis 50 cm hoch und 30 bis 40 cm breit, buschig, horstbildend
Standort: sonnig bis schattig, bei dauerfeuchtem Boden auch sonnig
Verwendung: farbenfrohe Beete und Rabatten, Schattenstaude
Vermehrung: Aussaat, Teilung, sät sich leicht selbst aus

Polsterglockenblume, Dalmatiner Glockenblume

Campanula portenschlagiana

Blüte: Juni bis Juli, dekorative violette „Glocken"-Blüten
Aussehen: 10 bis 20 cm hoch und 40 bis 50 cm breit, polsterbildend, kompakt und schnell wachsend
Standort: sonnig bis halbschattig
Verwendung: farbenfrohe Beete und Rabatten, auch für Töpfe und Kübel, Steingartenpflanze

Berg-Flockenblume

Centaurea montana

Blüte: Mai bis Juli, blau
Aussehen: 30 bis 50 cm hoch und 40 bis 60 cm breit, aufrecht buschig, horstbildend
Standort: sonnig bis halbschattig
Verwendung: farbenfrohe Beete und Rabatten, Bienen- und Insektenpflanze, auch als Schnittblume
Vermehrung: Aussaat, Teilung

Lanzen-Silberkerze

Cimicifuga racemosa var. *cordifolia*

Blüte: August bis September, weiß
Aussehen: 150 bis 180 cm hoch und 80 cm breit, straff aufrecht, horstbildend
Standort: halbschattig
Verwendung: farbenfrohe Beete und Rabatten, Bienen- und Insektenpflanze
Vermehrung: Teilung

Großblumiges Mädchenauge

Coreopsis grandiflora

Blüte: Juni bis August, gelb
Aussehen: 50 bis 80 cm hoch und 50 cm breit, aufrecht buschig, horstbildend
Standort: sonnig
Verwendung: farbenfrohe Beete und Rabatten für Töpfe und Kübel, auch als Schnittblume
Vermehrung: Aussaat, Teilung

Hoher Garten-Rittersporn

Delphinium x *cultorum*, 'Elatum-Hybriden'

Blüte: Juli bis August, in Blau, Violett und Weiß, einfach oder gefüllt
Aussehen: 1,2 bis 1,5 m hoch und 60 bis 80 cm breit, straff aufrecht, horstbildend
Standort: sonnig
Verwendung: Beete und Rabatten, auch als Schnittblume, nach der Blüte für 2. Flor zurückschneiden
Vermehrung: Stecklinge, Teilung

Tränendes Herz, Herzblume

Dicentra spectabilis

Blüte: Mai bis Juni, Rot mit Weiß und Reinweiß
Aussehen: 70 bis 100 cm hoch und 60 bis 80 cm breit, buschig überhängend
Standort: sonnig bis halbschattig
Verwendung: farbenfrohe Beete und Rabatten, duftend, auch als Schnittblume
Vermehrung: Aussaat, Teilung

Elfenblume
Epimedium in Sorten

Blüte: April bis Mai, weiß oder rötlich, gelb

Aussehen: 20 bis 25 cm hoch und 20 cm breit, kompakt buschig, horstbildend

Standort: halbschattig

Verwendung: farbenfrohe Beete und Rabatten, auch für Töpfe und Kübel oder im Steingarten

Vermehrung: Aussaat, Teilung, kreuzen sich leicht mit ähnlichen Arten

Mädesüß, Kleines Mädesüß
Filipendula vulgaris

Blüte: Juni bis Juli, weiß

Aussehen: 40 bis 60 cm hoch und 40 bis 50 cm breit, locker aufrecht, horstbildend

Standort: sonnig, halbschattig

Verwendung: farbenfrohe Beete und Rabatten, Bienen- und Insektenpflanze, auch als Schnittblume

Vermehrung: Aussaat, Teilung

Kokardenblume
Gaillardia-Hybriden

Blüte: Juli bis September, gelb, orange, rot – je nach Sorte

Aussehen: 30 bis 70 cm hoch und 40 bis 50 cm breit, aufrecht buschig, horstbildend

Standort: sonnig

Verwendung: farbenfrohe Beete und Rabatten, Bienen- und Insektenpflanze, auch als Schnittblume

Vermehrung: Teilung

Pracht-Storchschnabel
Geranium x magnificum

Blüte: Juni bis Juli, blauviolett

Aussehen: 40 bis 60 cm hoch und 60 cm breit, aufrecht buschig, horstbildend

Standort: sonnig bis halbschattig

Verwendung: farbenfrohe Beete und Rabatten, Bienen- und Insektenpflanze

Vermehrung: Teilung

Sonnenbraut
Helenium-Sorten

Blüte: Juni bis September, gelb, kupferrot, orange, rot

Aussehen: 70 bis 120 cm hoch und 50 bis 60 cm breit, aufrecht, horstbildend

Standort: sonnig

Verwendung: farbenfrohe Beete und Rabatten, Bienen- und Insektenpflanze, auch als Schnittblume

Vermehrung: Stecklinge, Teilung

Nieswurz, Christrose
Helleborus-Hybriden

Blüte: Februar bis April, rosa bis weiß

Aussehen: 30 bis 40 cm hoch und 40 bis 50 cm breit, buschig

Standort: sonnig bis halbschattig

Verwendung: farbenfrohe Beete und Rabatten, Bienen- und Insektenpflanze, auch als Schnittblume, Steingartenpflanze

Vermehrung: Teilung, Selbstaussaat

Taglilien
Hemerocallis-Hybriden

Blüte: Juni bis September, Farbvariationen in Gelb, Orange, Rosa und Rot
Aussehen: 50 bis 60 cm hoch und 50 cm breit, breit buschig bis überhängend, horstbildend
Standort: sonnig
Verwendung: farbenfrohe Beete und Rabatten
Vermehrung: Teilung

Funkie
Hosta-Sorten

Blüte: Juli bis August, violett, hellrosa, weiß
Aussehen: 50 bis 80 cm hoch und 60 bis 100 cm breit, rundlich buschig bis überhängend, horstbildend
Standort: halbschattig
Verwendung: farbenfrohe Beete und Rabatten, Bienen- und Insektenpflanze, für Töpfe und Kübel
Vermehrung: Teilung

Immergrüne Schleifenblume
Iberis sempervirens

Blüte: April bis Juni, weiß
Aussehen: 20 bis 30 cm hoch und 50 bis 60 cm breit, kompakt polsterförmig
Standort: sonnig
Verwendung: farbenfrohe Beete und Rabatten, Bienen- und Insektenpflanze, Steingartenpflanze
Vermehrung: Aussaat, Stecklinge

Hohe Bart-Iris, Deutsche Schwertlilie
*Iris-Barbata-Elatior-*Hybriden

Blüte: Mai bis Juni, violett, braune Schlundaderung und gelblicher Bart
Aussehen: 70 bis 80 cm hoch und 20 bis 30 cm breit, aufrecht, rhizombildend
Standort: sonnig
Verwendung: farbenfrohe Beete und Rabatten, Bauerngarten
Vermehrung: Teilung der Rhizome (Wurzelstöcke)

Gold-Felberich
Lysimachia punctata

Blüte: Juni bis August, leuchtend gelb bis goldgelb, dekorativ, groß
Aussehen: 60 bis 80 cm hoch und 40 bis 60 cm breit, aufrecht buschig, horstbildend, wuchert
Standort: sonnig bis halbschattig
Verwendung: farbenfrohe Beete und Rabatten, Bienen- und Insektenpflanze, auch als Schnittblume
Vermehrung: Aussaat, Stecklinge, Teilung

Edel-Pfingstrose
*Paeonia-Lactiflora-*Hybriden

Blüte: Mai bis Juni, rosa, weiß, gelb, rot, duftend, gefüllt oder einfach
Aussehen: 50 bis 100 cm hoch und 50 bis 70 cm breit, aufrecht buschig, horstbildend
Standort: sonnig
Verwendung: farbenfrohe Beete und Rabatten, Bienen- und Insektenpflanze, duftend, auch als Schnittblume
Vermehrung: Aussaat, Teilung

Hoher Stauden-Phlox
Phlox paniculata

Blüte: Juli bis Oktober, orangerosa, purpur, rosa, rot, violett, weiß
Aussehen: 80 bis 120 cm hoch, 60 bis 100 cm breit, aufrecht, horstbildend
Standort: sonnig bis halbschattig
Verwendung: farbenfrohe Beete und Rabatten, Bienen- und Insektenpflanze, auch als Schnittblume
Vermehrung: Stecklinge, Teilung

Kleines Seifenkraut
Saponaria ocymoides

Blüte: Mai bis September, karminrosa
Aussehen: 10 bis 20 cm hoch und 30 bis 40 cm breit, niederliegend bis kissenförmig, horstbildend
Standort: sonnig
Verwendung: farbenfrohe Beete und Rabatten, Bienen- und Insektenpflanze, für Töpfe und Kübel, Steingartenpflanze
Vermehrung: Aussaat, Stecklinge, Teilung

Porzellanblümchen
Saxifraga umbrosa

Blüte: Juni bis August, weiß bis weißlich rosa
Aussehen: 10 bis 30 cm hoch und 20 bis 30 cm breit, kompakt polsterförmig, rosettenbildend
Standort: halbschattig
Verwendung: farbenfrohe Beete und Rabatten, Bienen- und Insektenpflanze, Steingartenpflanze
Vermehrung: Teilung

Gold-Fetthenne
Sedum floriferum

Blüte: Juni bis Juli, leuchtend gelb
Aussehen: 10 bis 20 cm hoch und 30 bis 40 cm breit, niederliegend bis aufrecht, horstbildend
Standort: sonnig
Verwendung: farbenfrohe Beete und Rabatten, Bienen- und Insektenpflanze, für Töpfe und Kübel, Steingartenpflanze
Vermehrung: Aussaat, Teilung

Prächtige Stauden

Name	Standort	Wuchs	Größe	Blüte	Blütezeit
Rotblättriger Günsel (*Ajuga reptans*) 'Atropurpurea'	sonnig bis halbschattig	polsterbildend	15 bis 20 cm	violettblau	April bis Mai
Knäuel-Glockenblume (*Campanula glomerata*)	sonnig	aufrecht, horstbildend	20 bis 50 cm	blauviolett	Juni bis August
Gämswurz (*Doronicium orientale*)	sonnig bis halbschattig	breit buschig, horstbildend	30 bis 40 cm	gelb	April bis Mai
Pyrenäen-Storchschnabel (*Geramium endressii*)	sonnig bis halbschattig	aufrecht buschig	40 bis 50 cm	hellrosa	Juni bis August
Kugel-Primel (*Primula denticulata*)	sonnig bis halbschattig	aufrecht, horstbildend	20 bis 40 cm	violettrosa	März bis Mai
Purpur-Salbei (*Salvia officinalis*) 'Purpurascens'	sonnig	aufrecht buschig	40 bis 50 cm	blauviolett bis fliederblau	Juni bis August

Strahlen-Anemone
Anemone blanda

Blüte: März bis April, je nach Sorte weiß, blau, hellviolett, dunkelviolett
Aussehen: 10 bis 25 cm hoch, wächst schnell in die Breite und bedeckt große Flächen, horstbildend
Standort: sonnig bis halbschattig
Pflanzzeit: Herbst
Pflanztiefe: 5 cm
Verwendung: farbenfrohe Beete und Rabatten, auch für Töpfe und Kübel und im Steingarten

Frühlings-Krokus
Crocus vernus

Blüte: März bis April, weiß bis violett, häufig gestreift
Aussehen: 10 bis 15 cm hoch und 5 cm breit, locker horstbildend
Standort: sonnig
Pflanzzeit: Spätsommer, Frühherbst
Pflanztiefe: 7 bis 15 cm
Verwendung: farbenfrohe Beete und Rabatten, Bienen- und Insektenpflanze, Steingartenpflanze

Winterling
Eranthis hyemalis

Blüte: Februar bis März, gelb
Aussehen: 10 bis 12 cm hoch und 5 cm breit, kompakt, horstbildend
Standort: sonnig
Pflanzzeit: Herbst
Pflanztiefe: 3 bis 5 cm
Verwendung: unter Laubgehölzen, Bienen- und Insektenpflanze, für Töpfe und Kübel, Steingartenpflanze

Schneeglöckchen
Galanthus nivalis

Blüte: Januar bis März, weiß
Aussehen: 10 bis 15 cm hoch und 10 cm breit, Blüten nickend, bildet kompakte Horste
Standort: halbschattig
Pflanzzeit: Frühherbst
Pflanztiefe: 5 bis 10 cm
Verwendung: farbenfrohe Beete und Rabatten, Bienen- und Insektenpflanze, für Töpfe und Kübel, Steingartenpflanze

Frühlings-Knotenblume, Märzenbecher
Leucojum vernum

Blüte: Februar bis April, weiß
Aussehen: 15 bis 30 cm hoch und 10 cm breit, horstbildend
Standort: sonnig bis halbschattig
Pflanzzeit: Spätsommer, Herbst
Pflanztiefe: 5 bis 10 cm
Verwendung: farbenfrohe Beete und Rabatten, Bienen- und Insektenpflanze, Steingartenpflanze

Garten-Lilien
Lilium-Hybriden

Blüte: Juli bis September, alle Farben
Aussehen: verschieden, je nach Sorte 0,5 bis 1,5 hoch, aufrecht wachsend
Standort: sonnig
Pflanzzeit: Spätsommer
Pflanztiefe: 10 bis 15 cm
Verwendung: farbenfrohe Beete und Rabatten, Bienen- und Insektenpflanze, auch als Schnittblume

Traubenhyazinthe
Muscari armeniacum

Blüte: März bis April, blau
Aussehen: 20 bis 25 cm hoch und 5 cm breit, aufrecht horstbildend
Standort: sonnig
Pflanzzeit: Spätsommer, Herbst
Pflanztiefe: 5 bis 10 cm
Verwendung: unter Gehölzen, kann aber wuchern, für Töpfe und Kübel, Steingartenpflanze

Narzissen
Narcissus-Hybriden

Blüte: März bis Mai, in der gesamten Farbpalette von Weiß über Gelb bis Rot
Aussehen: je nach Sorte 50 bis 70 cm hoch, entsprechend breit
Standort: sonnig
Pflanzzeit: Spätsommer
Pflanztiefe: 5 bis 10 cm
Verwendung: farbenfrohe Beete und Rabatten, für Töpfe und Kübel, auch als Schnittblume, Steingartenpflanze

Blaustern
Scilla siberica

Blüte: März bis April, leuchtend blau bis violett, auch weiß
Aussehen: 10 bis 20 cm hoch und 5 bis 10 cm breit, aufrecht kompakt wachsender Bodendecker
Standort: sonnig bis halbschattig
Pflanzzeit: September bis Oktober
Pflanztiefe: 8 bis 10 cm
Verwendung: Beete und Rabatten, für Töpfe und Kübel, unter Laubbäumen und im Steingarten

Tulpen
Tulipa-Hybriden

Blüte: Mai bis Juni, je nach Sorte gelb, rosa, rot, violett, becherförmig gefüllt oder ungefüllt
Aussehen: 30 bis 60 cm hoch und 10 bis 20 cm breit, schmal aufrecht
Standort: sonnig, manche Sorten vertragen auch Halbschatten
Pflanzzeit: Spätsommer oder Herbst
Pflanztiefe: 10 bis 15 cm
Verwendung: Beete und Rabatten, für Töpfe und Kübel, auch als Schnittblume

Attraktive Zwiebelblumen

Name	Standort	Größe	Blüte	Blütezeit	Pflanzung
Herbst-Zeitlose (Colchicum autumnale)	sonnig	20 bis 25 cm	violett- bis lavendelrosa	August bis Oktober	Herbst 10 bis 15 cm tief
Schachbrettblume (Fritillaria meleagris)	sonnig bis halbschattig	25 bis 35 cm	purpur mit auffälliger Schachbrettmusterung	April bis Mai	Herbst 5 bis 10 cm tief
Spanischer Glocken-Blaustern (Hyacinthoides hispanica)	sonnig	25 bis 40 cm	blau bis violettblau weiß, rosa	(April) bis Mai	Herbst 7 bis 10 cm tief
Kaukasus-Zwiebel-Schwertlilie (Iris reticulata)	sonnig	10 bis 25 cm	violettblau	Februar bis März	Spätsommer, Herbst 5 bis 10 cm tief
Madonnen-Lilie (Lilium candidum)	sonnig	aufrecht, 90 bis 150 cm hoch	weiß	Juni bis Juli	Spätsommer 10 cm tief

Braunstieliger Streifenfarn, Steinfeder

Asplenium trichomanes

Blatt: gefiederte lanzettliche Wedel (bis 15 cm lang), mattgrün
Aussehen: kompakt buschig bis überhängend, 10 bis 20 cm hoch, 20 cm breit
Standort: halbschattig
Verwendung: Gehölzrand und Schattengarten, Einfassung, Unterpflanzung von Baum- und Strauchgruppen, in absonnigen Lagen gerne in feuchten Senken

Frauenfarn, Wald-Frauenfarn

Athyrium filix-femina

Blatt: hellgrün, lanzettliche, bis 1 m lange, 2- bis 3-fach gefiederte Wedel
Aussehen: 50 bis 90 cm hoch und 40 bis 80 cm breit, breit buschig überhängend
Standort: absonnig bis schattig
Verwendung: zwischen Stauden, Teichrand, schön im Bauerngarten, da er etwas Sonne verträgt

Rippenfarn

Blechnum spicant

Blatt: dunkelgrüne, immergrüne, lanzettlich gefiederte Wedel bis zu 50 cm lang
Aussehen: 25 bis 30 cm hoch und 50 bis 60 cm breit, flach wachsend
Standort: halbschattig bis schattig, sonnenabgewandte Gartenteichflächen
Verwendung: zwischen Schattenstauden, im Steingarten oder am Teichrand

Sandrohr, Moor-Reitgras

Calamagrostis x acutiflora

Blatt: leicht glänzend, mittelgrün, schmal bandförmig
Blüte: Juni bis Juli, gelbbraune Ähren
Aussehen: 60 bis 150 cm hoch und 50 bis 90 cm breit, straff aufrecht, horstbildend
Standort: sonnig
Verwendung: zwischen Stauden, schön im Bauerngarten, am Teichrand oder in Einzelstellung

Rasen-Schmiele

Deschampsia cespitosa

Blatt: mittelgrün, wintergrün, linealisch, schmal bandförmig
Blüte: Juni bis August, grünlich
Aussehen: 90 bis 120 cm hoch und 60 bis 90 cm breit, Wuchs überhängend, horstbildend, rasenartig
Standort: sonnig bis halbschattig
Verwendung: zwischen Stauden, auch als Vasenschmuck oder am Teichrand
Vermehrung: durch Samen oder Teilung

Schirm-Bambus, Muriels Schirm-Bambus

Fargesia murieliae

Blatt: weiß- oder gelbgrün gemustert, immergrün
Blüte: blüht selten in ährigen Rispen, stirbt danach ab
Aussehen: 2,5 bis 4 m hoch und 1 bis 5 cm breit, aufrecht, horstbildend
Standort: sonnig bis halbschattig
Verwendung: zwischen Gehölzen, für Töpfe und Kübel, am Teichrand oder als Solitär
Vermehrung: Teilung

Schnee-Marbel, Weiße Hainsimse
Luzula nivea

Blatt: dunkelgrün, immergrün, schmal bandförmig, linealisch, bis 30 cm lang
Blüte: Juni bis August, weiße Blütenbüschel
Aussehen: 20 bis 50 cm hoch und 40 bis 50 cm breit, locker buschig, horstbildend
Standort: halbschattig bis schattig
Verwendung: zwischen Schattenstauden, für Töpfe und Kübel, im Stein- oder im Bauerngarten

Purpurnes China-Schilf
Miscanthus sinensis var. purpurascens

Blatt: bläulich- bis mittelgrün, schmal bandförmig, flach, aufrecht bis überhängend, bis 90 cm lang
Blüte: September bis Oktober, silbrig bis silbrig weiß
Aussehen: 70 bis 100 cm hoch und 50 bis 80 cm breit, ausladend bis überhängend, horstbildend
Standort: sonnig
Verwendung: zwischen Stauden, auch als Vasenschmuck oder Solitär

Ruten-Hirse
Panicum virgatum

Blatt: mittelgrün, flach, linealisch, schmal, bandförmig
Blüte: Juli bis September, grünliche bis rötlich braune Rispen
Aussehen: 1,4 bis 1,6 m hoch und 60 bis 90 cm breit, aufrecht, horstbildend
Standort: sonnig
Verwendung: zwischen Stauden, auch als Vasenschmuck, schön im Bauerngarten
Vermehrung: Teilung im Frühjahr oder Aussaat

Tüpfelfarn, Engelsüß
Polypodium vulgare

Blatt: dunkelgrün, wintergrün, lanzettliche gefiederte Blätter (bis 30 cm lang)
Aussehen: 20 bis 40 cm hoch und 30 und mehr cm breit, breit aufrecht bis überhängend, breitet sich teppichartig aus
Standort: halbschattig bis schattig, hohe Luftfeuchtigkeit
Verwendung: zwischen Stauden, Steingartenpflanze

Empfehlenswerte Gräser und Farne

Name	Standort	Größe	Blattfarbe	Blüte	Blütezeit
Zittergras *(Briza media)*	sonnig	30 bis 50 cm	blaugrün	grünlich braun	Mai bis August
Weißgestreifte Japan-Segge *(Carex morrowii)* 'Variegata'	halbschattig	30 bis 40 cm	grün mit weißen Streifen nahe am Rand, immergrün	gelbe Ähren	Juni bis Juli
Berg-Segge *(Carex montana)*	sonnig bis halbschattig	15 bis 20 cm	mittelgrün	goldgelb	März bis Mai
Morgenstern-Segge *(Carex grayi)*	sonnig bis halbschattig	50 bis 75 cm	sattgrün	grün	Juli bis August
Wollgras *(Eriophorum vaginatum)*	sonnig	30 bis 50 cm	grün	weiß	Mai bis Juni
Amethyst-Schwingel *(Festuca amethystina)*	sonnig	30 bis 80 cm	bläulich bis graugrün, immergrün	dunkelviolett	Juni bis Juli
Federborstengras *(Pennisteum orientale)*	sonnig	40 bis 60 cm	mittel- bis dunkelgrün	hellviolett	Juli bis Oktober

Eis-Begonie
Begonia-Cultivars
Semperflorens-Gruppe

Blüte: April bis Oktober, viele Farbvariationen in Rosa, Rot und Weiß
Aussehen: 20 bis 30 cm hoch und 10 bis 20 cm breit, buschig kompakt
Standort: halbschattig bis sonnig
Verwendung: farbenfrohe Beete und Rabatten, für Töpfe und Kübel
Vermehrung: Aussaat
Andere Arten oder Sorten: Knollen- und Elatior-Begonien

Spinnenblume
Cleome hassleriana

Blüte: Juli bis September, weiß bis rosa, filigran, intensiv duftend
Aussehen: 90 bis 150 cm hoch und 30 bis 50 cm breit, aufrecht
Standort: sonnig
Verwendung: farbenfrohe Beete und Rabatten, für Töpfe und Kübel
Vermehrung: Aussaat, einjährig
Andere Arten oder Sorten: Dornige Spinnenblume (*C. spinosa*)

Bart-Nelke
Dianthus barbatus

Blüte: Juni bis August, je nach Sorte purpurviolett, rosa, rot oder weiß, intensiv duftend
Aussehen: 40 bis 60 cm hoch und 20 bis 30 cm breit, aufrecht buschig
Standort: sonnig
Verwendung: für farbenfrohe Beete und Rabatten, auch für Töpfe und Kübel und als Schnittblume
Andere Arten oder Sorten: Chinesische Nelke (*D. chinensis*) mit etwas niedrigerem Wuchs

Sonnenblume
Helianthus annuus

Blüte: Juli bis September, viele Sorten in Gelb, Orange, Rotbraun, gefüllt oder einfach, groß
Aussehen: 1,3 bis 3 m hoch und 20 bis 50 cm breit, straff aufrecht
Standort: sonnig
Verwendung: typische Bauerngartenpflanze, Bienen- und Insektenpflanze, auch als Schnittblume
Vermehrung: Aussaat, einjährig
Andere Arten oder Sorten: *H. debilis, H. argophyllus*

Algier-Malve, Wilde Malve
Malva sylvestris

Blüte: Juni bis September, purpurrot, lila, rosaweiß, hellviolett
Aussehen: 60 bis 120 cm hoch und 50 bis 60 cm breit, aufrecht
Standort: sonnig
Verwendung: farbenfrohe Beete und Rabatten
Vermehrung: Aussaat, ein- oder zweijährig
Andere Sorten: 'Primely Blue' hat himmelblau bis hellviolette Blüten mit intensiv blauen Streifen

Büschelschön, Bienenfreund
Phacelia tanacetifolia

Blüte: Juli bis September, blau bis lavendelblau
Aussehen: 60 bis 120 cm hoch und 30 bis 50 cm breit, aufrecht buschig
Standort: sonnig
Verwendung: farbenfrohe Beete und Rabatten, wichtige Bienen- und Insektenpflanze
Vermehrung: Aussaat, einjährig, auch zur Gründüngung geeignet

Einjähriger Phlox, Flammenblume
Phlox drummondii

Blüte: Mai bis September, Farbvariationen in Lavendelblau, Purpur, Rosa, Rot oder Weiß

Aussehen: 20 bis 120 cm hoch und 20 bis 30 cm breit, aufrecht bis ausladend

Standort: sonnig

Verwendung: Beete und Rabatten, auch für Balkonkästen und -kübel, auch als Schnittblume

Andere Arten oder Sorten: Mehrjähriger Polster-Phlox (*P. subulata*)

Sonnenhut
Rudbeckia hirta

Blüte: August bis Oktober, hellgelb bis goldgelb, rotbraun

Aussehen: 30 bis 80 cm hoch und 30 bis 50 cm breit, aufrecht, verzweigt

Standort: sonnig

Verwendung: farbenfrohe Beete und Rabatten, Bienen- und Insektenpflanze

Vermehrung: Aussaat, zweijährig

Andere Arten oder Sorten: Prächtiger Sonnenhut (*R. fulgida*) mit auffallenden Blüten

Weitere Sommerblumen-Schönheiten

Name	Standort	Größe	Blüte	Tipps
Ringelblume (*Calendula officinalis*)	sonnig	aufrecht 30 bis 50 cm hoch	je nach Sorte in Gelb, Orange und Weiß, einfach bis gefüllt	bunte Blumenbeete, Insektenweide, dekorative große Blüten, pflegeleicht, für Einsteiger, einjährig, Mai bis September zweijährig
Goldlack (*Erysimum cheiri*)	sonnig	aufrecht, buschig 30 bis 80 cm hoch	leuchtend gelborange gefüllt und ungefüllt April bis Juni	intensiv duftend, bunte Blumenbeete, als Leitpflanze in Kästen in Kombination mit anderen Frühlingsblüten, lockt Bienen und Schmetterlinge, wird meist zweijährig gezogen, weil dieser Halbstrauch die Winterkälte braucht, um zu blühen, duftend
Jungfer im Grünen (*Nigella damascena*)	sonnig	40 bis 50 cm hoch	hellblau bis himmelblau auch weißblühende Sorten	bunte Blumenbeete, Schnittblume, lockt Bienen und Schmetterlinge, an, schöner Fruchtschmuck
Studentenblume (*Tagetes tenuifolia*)	sonnig	aufrecht, buschig 20 bis 30 cm hoch	zitronengelb April bis September	Bienenweide, für Kübel und Töpfe geeignet, für Kinder geeignet, pfegeleicht für Einsteiger, einjährig
Mutterkraut, Goldkamille (*Tanacetum parthenium*)	sonnig	aufrecht, buschig horstbildend 40 bis 60 cm hoch	weiß mit gelber Mitte Juni bis September	Heil- und Teekraut, für bunte Beet- und Staudenpflanzung, Steingarten lockt Bienen und Schmetterlinge an, pflegeleicht, für Einsteiger, einjährig
Hornveilchen (*Viola cornuta*)	sonnig bis halbschattig	kriechend bis horstbildend 10 bis 15 cm hoch	violett, sortenabhängig auch blau, gelb, rot und weiß Mai bis Juli	Kübel- und Topfkultur, für bunte Beet- und Staudenpflanzung, Steingarten, pflegeleicht, für Einsteiger, einjährig

Großblättrige Pfeifenwinde

Aristolochia macrophylla

Blüte: Juni bis Juli, grünlich braun, eher unscheinbar
Blatt: dunkelgrün, herzförmig, groß
Aussehen: 8 bis 10 m hoch, stark wachsend, schlingend, dachziegelartiges Laub
Standort: halbschattig bis schattig
Verwendung: für Pergolen, Rankgerüste und Spaliere, Sichtschutzpflanze, für Töpfe und Kübel, voll frosthart
Vermehrung: Aussaat, Grünstecklinge

Trompetenblume, Großblütige Klettertrompete

Campsis x tagliabuana 'Mme. Galen'

Blüte: Juli bis September, orangerot, trompetenförmig
Blatt: dunkelgrün
Aussehen: 5 bis 10 m hoch, kletternder und windender Strauch, Haftwurzeln
Standort: voll sonnig
Verwendung: für Pergolen, Rankgerüste und Spaliere, Sichtschutzpflanze, für Töpfe und Kübel, Frostschutz empfehlenswert
Vermehrung: Stecklinge

Clematis, Waldrebe

Clematis-Hybriden

Blüte: Juni bis September, blau, rosa, rot, violett, weiß, gestreift, einfach oder gefüllt
Blatt: mattgrün
Aussehen: 2 bis 5 m hoch, aufrecht kletternd, kompakt wachsend
Standort: sonnig bis halbschattig
Verwendung: für Pergolen, Rankgerüste und Spaliere, Sichtschutzpflanze, kleinere Sorten auch für Töpfe und Kübel, Frostschutz empfehlenswert

Glockenrebe

Cobaea scandens

Blüte: Juli bis Oktober, purpur bis bläulich violett
Blatt: tiefgrün
Aussehen: 2 bis 6 m hoch, aufrecht kletternd, schnell wachsend
Standort: sonnig bis halbschattig
Verwendung: für Pergolen, Rankgerüste und Spaliere, gibt schnellen Sichtschutz, für Töpfe und Kübel, kälteempfindlich, am besten einjährig ziehen
Vermehrung: Aussaat ab April

Efeu

Hedera helix

Blüte: September, gelblich grün
Blatt: tiefgrün, glänzend, immergrün
Aussehen: 0,2 bis 15 m hoch, aufrecht oder niederliegend, schnell wachsend
Standort: sonnig bis halbschattig
Verwendung: für Pergolen, Rankgerüste und Spaliere, gibt schnellen Sichtschutz, Bodendecker, für Töpfe und Kübel, auch zur Fassadenbegrünung
Vermehrung: Stecklinge

Kletter-Hortensie

Hydrangea petiolaris

Blüte: Juni bis Juli, weiß
Blatt: mittelgrün
Aussehen: 2 bis 10 m hoch, aufrecht kletternd, schnell wachsend
Standort: sonnig bis halbschattig
Verwendung: für Pergolen, Rankgerüste und Spaliere, gibt schnellen Sichtschutz, für Töpfe und Kübel, attraktive Rinde, zur Fassadenbegrünung
Vermehrung: Stecklinge im Frühsommer

Prunkwinde
Ipomea tricolor

Blüte: Juli bis Oktober, leuchtend himmel- bis purpurblau
Blatt: hell- bis mittelgrün
Aussehen: 1,5 bis 3 m hoch, aufrecht kletternd, schnell wachsend
Standort: sonnig bis halbschattig
Verwendung: für Pergolen, Rankgerüste und Spaliere, gibt schnellen Sichtschutz, für Töpfe und Kübel, kälteempfindlich, am besten einjährig ziehen
Vermehrung: Aussaat

Winter-Jasmin
Jasminum nudiflorum

Blüte: Dezember bis April, leuchtend gelb vor dem Laubaustrieb
Blatt: dunkelgrün
Aussehen: 2 bis 3 m hoch, sparrig breit wachsend
Standort: sonnig bis halbschattig
Verwendung: für Pergolen, Rankgerüste und Spaliere, als Sichtschutz im Sommer, duftend, mäßig frosthart
Vermehrung: Stecklinge

Schwarzäugige Susanne
Thunbergia alata

Blüte: Juni bis Oktober, orangegelb, neuerdings auch weiß, mit dunkelbrauner Mitte
Blatt: dunkelgrün
Aussehen: 1,2 bis 2 m hoch, windend oder kletternd
Standort: sonnig bis halbschattig
Verwendung: für Pergolen, Rankgerüste und Spaliere, Sichtschutzpflanze, für Töpfe und Kübel oder im Balkonkasten, nicht winterhart, meist einjährig

Kapuzinerkresse
Tropaeolum majus

Blüte: Juni bis September, je nach Sorte hellgelb, orange, rot
Blatt: hell- bis graugrün, auch panaschiert
Aussehen: 1,5 bis 3 m hoch, kletternd bis kriechend
Standort: sonnig bis halbschattig
Verwendung: einjährig, für Pergolen, Rankgerüste und Spaliere, Sichtschutzpflanze, für Balkonkästen, Töpfe und Kübel, Blüten und Blätter essbar
Vermehrung: Aussaat

Weitere Kletterkünstler

Name	Standort	Aussehen	Blüte	Blütezeit
Italienische Waldrebe (*Clematis viticella*)	sonnig bis halbschattig	aufrecht klimmend, dicht verzweigt 2 bis 4 m hoch	Blauviolett bis purpurrosa, nickend glockenförmig	Juni bis September
Alpen-Waldrebe (*Clematis alpina* 'Francis Rives')	halbschattig	aufrecht bis locker, überhängend 1,5 bis 2 m hoch	blau mit weißlichen Staubgefäßen	Mai bis Juni
Schönrauhe (*Eccremocarpus scaber*)	sonnig	aufrecht kletternd, 2 bis 3 m hoch	orangenrot	Mai bis Oktober
Geißblatt (*Lonicera sp.*)	sonnig bis halbschattig	schlingend 2 bis 4 m hoch	rosaweiß bis rötlich	Mai bis Juni
Blauregen (*Wisteria floribunda*)	sonnig	schlingend kletternd, rechtswindend 6 bis 8 m hoch	je nach Sorte violettblau, hellrosa oder weiß	Mai bis Juni

Beetrosen

Blüte: je nach Sorte weiß, gelb, rosa oder rot, auch mehrfarbig, ungefüllt bis gefüllt, einzeln oder in Dolden
Laub: mittel- bis dunkelgrün
Aussehen: buschig aufrecht bis kompakt, 0,6 bis 1 m hoch und genauso breit
Standort: sonnig, aber nicht zu heiß, sandig-lehmige Böden bevorzugt
Verwendung: einzeln oder in Gruppen, für Rosenbeete, auch in Kombination mit Stauden und Sommerblumen, viele Sorten duften
Schnitt/Pflege: im Frühjahr, wenn die Forsythien blühen, auf etwa 20 bis 30 cm zurückschneiden, im Herbst 15 bis 30 cm mit Erde anhäufeln und mit Tannenreisig abdecken

Sortenbeispiel 'Aspirin-Rose®'

Edelrosen

Blüte: je nach Sorte weiß, gelb, rosa oder rot, auch mehrfarbig, ungefüllt bis gefüllt, einzeln oder zu mehreren auf langen Stielen
Laub: mittel- bis dunkelgrün
Aussehen: buschig aufrecht bis kompakt, 0,8 bis 1 m hoch und genauso breit
Standort: sonnig, aber nicht zu heiß, sandig-lehmige Böden bevorzugt
Verwendung: einzeln oder in kleinen Gruppen, für Rosenbeete, auch in Kombination mit Stauden und Sommerblumen, viele Sorten duften und eignen sich für den Vasenschnitt
Schnitt/Pflege: im Frühjahr, wenn die Forsythien blühen, auf etwa 20 bis 30 cm zurückschneiden, im Herbst 15 bis 30 cm mit Erde anhäufeln und mit Tannenreisig abdecken

Sortenbeispiel 'Duftzauber 84®'

Kleinstrauchrosen

Blüte: je nach Sorte weiß, gelb, rosa oder rot, auch mehrfarbig, ungefüllt bis gefüllt, einzeln oder in Dolden
Laub: mittel- bis dunkelgrün
Aussehen: buschig aufrecht bis kompakt, nur bis 60 cm hoch und genauso breit
Standort: sonnig, aber nicht zu heiß, sandig-lehmige Böden bevorzugt
Verwendung: in Gruppen als Bodendeckerrose, für Rosenbeete, auch in Kombination mit Stauden und Sommerblumen, für Töpfe und Kübel, nur wenige Sorten duften
Schnitt/Pflege: nur alle 3 bis 5 Jahre im Frühjahr, wenn die Forsythien blühen, zur Verjüngung auf etwa 20 bis 30 cm radikal zurückschneiden, im Herbst 15 bis 30 cm mit Erde anhäufeln und mit Tannenreisig abdecken

Sortenbeispiel 'Nemo®'

Strauchrosen

Blüte: je nach Sorte weiß, gelb, rosa oder rot, auch mehr-farbig, ungefüllt bis gefüllt, einzeln oder in Dolden
Laub: mittel- bis dunkelgrün
Aussehen: buschig aufrecht, viele Sorten starkwüchsig, 1,2 bis 2 m hoch und breit
Standort: sonnig, aber nicht zu heiß, sandig-lehmige Böden bevorzugt
Verwendung: einzeln oder in Gruppen, für Rosenbeete, auch in Kombination mit Stauden und Sommerblumen, für Hecken, viele Sorten duften
Schnitt/Pflege: nur alle 3 bis 5 Jahre im Frühjahr, wenn die Forsythien blühen, zur Verjüngung auf etwa 20 bis 30 cm zurückschneiden, öfter blühende Sorten können auch wie Edelrosen geschnitten werden, alte und kranke Triebe regemäßig entfernen, im Herbst 15 bis 30 cm mit Erde anhäu-feln und mit Tannenreisig abdecken

Sortenbeispiel 'Rote Woge®'

Kletterrosen

Blüte: je nach Sorte weiß, gelb, rosa oder rot, auch mehrfarbig, ungefüllt bis gefüllt, einzeln oder in Dolden
Laub: mittel- bis dunkelgrün
Aussehen: buschig aufrecht, viele Sorten sehr stark-wüchsig, 1,8 bis 5 m hoch
Standort: sonnig, aber nicht zu heiß, sandig-lehmige Böden bevorzugt
Verwendung: einzeln oder in Gruppen, für Rosenspa-liere, Rankgerüste, Obelisken, Pergolen, für Hecken, auf Hochstamm veredelt auch als Trauer- oder Kaskadenrose, viele Sorten duften
Schnitt/Pflege: einmal blühende Sorten nach der Blüte nur leicht auslichten, öfter blühende Sorten können im Frühjahr leicht geschnitten werden, alte und kranke Triebe regelässig entfernen, im Herbst 15 bis 30 cm mit Erde anhäufeln und mit Tannenreisig abdecken

Sortenbeispiel 'Sympathie®'

Zwergrosen

Blüte: je nach Sorte weiß, gelb, rosa oder rot, auch mehrfarbig, ungefüllt bis gefüllt, einzeln oder in Dolden
Laub: mittel- bis dunkelgrün
Aussehen: buschig aufrecht, kompakt, nur 30 bis 50 cm groß
Standort: sonnig, aber nicht zu heiß, sandig-lehmige Böden bevorzugt
Verwendung: einzeln oder in Gruppen, für Rosenbeete, auch in Kombination mit Stauden und Sommerblumen, in Töpfen und Kübeln für Balkon und Terrasse
Schnitt/Pflege: im Frühjahr, wenn die Forsythien blühen, auf etwa 20 bis 30 cm zurückschneiden, im Herbst 15 bis 30 cm anhäufeln und mit Tannenreisig abdecken, Rosen im Topf besonders gut vor Frost schützen

Sortenbeispiel 'Zwergkönig® 78'

Feuer-Ahorn
Acer ginnala

Laub: Oberseite glänzend dunkelgrün, unterseits heller, Herbstfärbung leuchtend rot
Blüte: Mai, cremeweiß in Trauben
Aussehen: 5 bis 7 m hoch und 4 bis 8 m breit, Krone breit kegel- bis schirmförmig
Standort: sonnig bis halbschattig, hitzeverträglich
Verwendung: schöner Solitärbaum

Fächer-Ahorn
Acer palmatum

Laub: Oberseite mittelgrün, unterseits heller, Herbstfärbung leuchtend rot
Blüte: Mai, purpurrot in Trauben
Aussehen: 5 bis 7 m hoch und im Alter genauso breit, Krone breit kegel- bis trichterförmig
Standort: sonnig bis halbschattig
Verwendung: kleiner Solitärbaum, im Steingarten, viele Sorten mit rotem oder panaschiertem Laub

Kupfer-Felsenbirne
Amelanchier lamarckii

Laub: mittelgrün, Herbstfärbung gelb bis feurig rot
Blüte: April bis Mai, weiß
Aussehen: 4 bis 6 m hoch und genauso breit wie hoch, trichterförmig, leicht überhängend
Standort: sonnig bis halbschattig
Verwendung: Blütenstrauch-Hecke und Vogelnährgehölz

Gewöhnlicher Buchsbaum
Buxus sempervirens var. *arborescens*

Laub: dunkelgrün, immergrün
Blüte: April bis Mai, unscheinbar gelb
Aussehen: 2 bis 4 m hoch, genauso breit wie hoch, dicht buschig, breit aufrecht
Standort: sonnig bis schattig, hitzeverträglich
Verwendung: Einzel- und Heckenpflanzung, Japangarten, Grabbepflanzung, immergrün, sehr schnittverträglich, formbar

Katsurabaum, Kuchenbaum
Cercidiphyllum japonicum

Laub: mittelgrün, Herbstfärbung hellgelb bis scharlachrot
Blüte: April, rötlich, eher unscheinbar
Aussehen: 8 bis 10 m hoch und 4,5 bis 7 m breit, kegelförmig bis rundkronig
Standort: sonnig bis halbschattig
Verwendung: mittelhoher Baum, Blätter verströmen süßen Duft, Früchte werden im Winter von Vögeln gefressen

Blumen-Hartriegel
Cornus florida

Laub: mittelgrün, Herbstfärbung hellgelb bis orangerot
Blüte: April, weiß, eher unscheinbar
Aussehen: bis 6 m hoch und 3 m breit, breit ausladend
Standort: sonnig bis halbschattig
Verwendung: mittelhoher Großstrauch, Sorte 'Rubra' mit rosaroten Blüten

Fächer-Zwergmispel

Cotoneaster horizontalis

Laub: glänzend dunkelgrün, Herbstfärbung orange bis scharlachrot

Blüte: Mai bis Juni, rosaweiß

Aussehen: bis 1 m hoch und 2 bis 3 m breit, flach wachsend bis bogig aufstrebend

Standort: sonnig bis halbschattig, windfest, verträgt Hitze und Trockenheit

Verwendung: Bodenbegrünung, Heckenpflanzung, ungewöhnliches Laub, auffällige rote Früchte

Zierliche Deutzie, Maiblumenstrauch

Deutzia gracilis

Laub: leuchtend bis mattgrün

Blüte: Mai bis Juni, reinweiß

Aussehen: 0,6 bis 0,8 m hoch und im Alter oft etwas breiter als hoch, straff aufrecht

Standort: sonnig bis halbschattig

Verwendung: Blüten- und Ziergehölz, Einzel- und Heckenpflanzung, Rückschnitt im Frühjahr fördert Buschigkeit

Buntlaubige Ölweide

Elaeagnus pungens 'Maculata'

Laub: glänzend gelbgrün panaschiert, immergrün

Blüte: Mai bis Juni, cremeweiß

Aussehen: bis 4 m hoch und 2 bis 4 m breit, aufrecht strauchförmig, dicht buschig

Standort: sonnig bis halbschattig, hitzeverträglich

Verwendung: Großstrauch, Einzel- und Heckenpflanzung, für Kübel geeignet, Blattschmuckpflanze, mäßig frosthart

Großfrüchtiges Pfaffenhütchen

Euonymus planipes

Laub: dunkelgrün, Herbstfärbung gelb bis orangerot

Blüte: Mai, grünlich gelb

Aussehen: 3 bis 4 m hoch und genauso breit wie hoch, locker und breit aufrecht, später auseinanderstrebend und leicht überhängend

Standort: sonnig bis halbschattig

Verwendung: Ziergehölz, Einzelpflanzung

Forsythie, Goldglöckchen

Forsythia-Hybride

Laub: mittelgrün, purpurrote, bronzerote oder gelblich grüne Herbstfärbung

Blüte: März bis April, hellgelb bis goldgelb

Aussehen: 1,5 bis 4 m hoch und 1,2 bis 2 m breit, schlank aufrecht, buschig kompakt oder breit ausladend

Standort: sonnig bis halbschattig

Verwendung: für freiwachsende Hecken geeignet, nach der Blüte zurückschneiden, nicht im Herbst

Kolkwitzie

Kolkwitzia amabilis

Laub: dunkelgrün

Blüte: Mai bis Juni, hellrosa bis rosa

Aussehen: 2 bis 3 m hoch und genauso breit wie hoch, bogig überhängend, aufrecht oder strauchig

Standort: sonnig bis halbschattig

Verwendung: Blüten- und Ziergehölz, Einzel- und Heckenpflanzung

Sommer-Magnolie, Siebolds-Magnolie

Magnolia sieboldii

Laub: bläulich grün, gelbe Herbstfärbung

Blüte: Juni bis Juli, weiß

Aussehen: 2,5 bis 4 m hoch und genauso breit wie hoch, breit aufrecht bis trichterförmig

Standort: sonnig bis lichtschattig

Verwendung: Großstrauch, Kleinbaum, Blüten- und Ziergehölz, Einzelpflanzung, ungewöhnliche Blüten, etwas spätfrostempfindlich, Schnitt vermeiden

Strauch-Pfingstrose, Strauchpäonie

Paeonia x suffruticosa

Laub: dunkelgrün, unterseits blaugrün

Blüte: Mai bis Juni, rosa, rot, weiß, gelb

Aussehen: 1 bis 1,5 m hoch und genauso breit wie hoch, aufrecht, wenig verzweigt

Standort: sonnig

Verwendung: Blüten- und Ziergehölz, Einzel- und Gruppenpflanzung, Umpflanzen und Rückschnitt vermeiden

Japanische Blüten-Kirsche

Prunus 'Accolade'

Laub: dunkelgrün

Blüte: März bis April, rosa

Aussehen: 5 bis 7 m hoch und 3 bis 7 m breit, locker trichterförmig aufrecht bis schirmförmig ausladend

Standort: sonnig bis halbschattig

Verwendung: Kleinbaum, Blüten- und Ziergehölz, Einzel- und Alleepflanzung, auffallende Blüten- und Herbstfärbung

Rhododendron

*Rhododendron-*Hybriden

Laub: mattgrün, oft weißfilzig überzogen, immergrün

Blüte: Mai bis Juni, je nach Sorte weiß, rosa, rot, gelb

Aussehen: 1 bis 3,5 m hoch und bis 4 m breit, dicht und kompakt, breitrund bis aufrecht

Standort: sonnig bis halbschattig

Verwendung: bei feuchtem Standort auch sonnenverträglich

Pontische Azalee

Rhododendron luteum

Laub: mittelgrün, sommergrün, Herbstfärbung leuchtend rot

Blüte: Mai bis Juni, gelb

Aussehen: 1,5 bis 2,5 m hoch und 1 bis 2 m breit, straff aufrecht, später breit buschig ausladend

Standort: sonnig bis lichtschattig

Verwendung: Blüten- und Ziergehölz, auffallende Blüten und Herbstfärbung

Blut-Johannisbeere

Ribes sanguineum 'King Edward VII'

Laub: mattgrün, frischgrüner Austrieb, unterseits weißlich behaart, fahlgelbe Herbstfärbung

Blüte: April bis Mai, rot

Aussehen: 1,5 bis 2 m hoch und 1,5 bis 2 m breit, locker strauchförmig

Standort: sonnig

Verwendung: Blüten- und Ziergehölz, Einzel- und Heckenpflanzung

Rosa Zwerg-Spiere
Spiraea japonica
'Little Princess'
Laub: hellgrün, Austrieb häufig rötlich
Blüte: Juni bis Juli, hellviolett bis lilarosa
Aussehen: bis 0,6 m hoch und im Alter doppelt so breit, dicht buschig, kompakt und gedrungen
Standort: sonnig bis halbschattig
Verwendung: Zwergstrauch, Blüten- und Ziergehölz, Heckenpflanzung, für Töpfe und Kübel, Verjüngungsschnitt im Frühjahr

Königs-Flieder, Chinesischer Flieder
Syringa x chinensis
Laub: frischgrün, dunkelgrün
Blüte: Mai, lilarosa
Aussehen: 3 bis 4 m hoch und genauso breit wie hoch, breit buschig, locker aufrecht
Standort: sonnig
Verwendung: Großstrauch, Blüten- und Ziergehölz, Einzelpflanzung, lockere Heckenpflanzung, frosthart, wärmeliebend, mittelstark wachsend

Oster-Schneeball
Viburnum x burkwoodii
Laub: glänzend dunkelgrün, immergrün bis wintergrün
Blüte: März bis Mai, rosaweiß bis rosa
Aussehen: 2 bis 3,5 m hoch und genauso breit wie hoch, aufrecht, breit buschig bis rundlich
Standort: sonnig bis halbschattig
Verwendung: Blüten- und Ziergehölz, Einzelpflanzung, Topf- und Kübelkultur, schöne Herbstfärbung

Weigelie
Weigela florida
'Nana Variegata'
Laub: mittelgrün, weiß-gelb panaschiert
Blüte: Mai bis Juni, dunkelrosa, aufgeblüht hellrosa
Aussehen: 1,5 bis 1,8 m hoch und 2,5 m breit, breit buschig, kompakt
Standort: sonnig bis halbschattig
Verwendung: robustes Blüten- und Ziergehölz, Einzel- und Heckenpflanzung, auffallende Blätter und Blüten, Verjüngungsschnitt nach der Blüte, frosthart

Weitere Bäume und Sträucher

Name	Standort	Höhe Breite	Laub	Blüte	Blütezeit
Kugel-Trompetenbaum (*Catalpa bignonioides* 'Nana')	sonnig bis halbschattig	4 bis 7 m 4 bis 7 m	frischgrün	keine Blüte	keine Blüte
Kornelkirsche (*Cornus mas*)	sonnig bis halbschattig	4 bis 7 m 3 bis 6 m	leuchtend grün, orange bis fahlgelbe Herbstfärbung möglich	gelblich	März bis April
Kriechmistel (*Cotoneaster dammeri* 'Coral Beauty')	sonnig bis halbschattig	0,5 bis 0,7 m 1 bis 1,5 m	glänzend dunkelgrün, wintergrün bis immergrün	weiß	Mai bis Juni
Samt-Hortensie (*Hydrangea sargentiana*)	halbschattig	bis 2,5 m 1,5 bis 3 m	dunkelgrün	weiß bis hellviolett	Juli bis September
Immergrüne Heckenkirsche (*Lonicera nitida*)	sonnig bis halbschattig	bis 2 m 1 bis 3 m	oberseits glänzend dunkelgrün, unterseits heller, immergrün	cremeweiß, unscheinbar	Mai bis Juni

Zwerg-Balsamtanne
Abies balsamea 'Nana'

Nadeln: dunkelgrün, unterseits weißlich gestreift

Zapfen/Frucht: violettblaue Zapfen

Aussehen: 0,8 bis 1 m hoch und bis 2 m breit, kompakt kissenförmig

Standort: sonnig bis schattig

Verwendung: auf Rabatten, für Kübel und Tröge, Steingärten

Hänge-Nootkazypresse
Chamaecyparis nootkatensis 'Pendula'

Nadeln: schuppenartig, matt dunkelgrün

Zapfen/Frucht: braune Zapfen

Aussehen: 10 bis 15 m hoch und 3,5 bis 5,5 m breit, locker kegelförmig, breit ausladend, unregelmäßig

Standort: sonnig bis halbschattig

Verwendung: Einzel- und Heckenpflanzung

Zwerg-Muschelzypresse
Chamaecyparis obtusa 'Nana Gracilis'

Nadeln: schuppenartig, glänzend dunkelgrün

Zapfen/Frucht: setzt praktisch keine Zapfen an

Aussehen: 1,5 bis 2,5 m hoch und 1 bis 1,5 m breit, kompakt, unregelmäßig kugel- bis kegelförmig, im Alter breit kegelförmig

Standort: sonnig bis halbschattig

Verwendung: Heckenpflanze

Zwerg-Fichte
Picea abies 'Pygmaea'

Nadeln: dunkelgrün mit blauweißen Streifen

Früchte: werden nicht angesetzt

Aussehen: kegelförmig, 0,8 bis 1,5 m hoch und bis 1,5 m breit

Standort: sonnig bis halbschattig

Verwendung: Einzelpflanzung, Steingarten, pflegeleicht

Serbische Kugel-Fichte
Picea omorika 'Nana'

Nadeln: blauweiß bereift

Zapfen/Frucht: werden nicht angesetzt

Aussehen: 4 bis 5 m hoch und 2 bis 3 m breit, kompakt kegelförmig, zwergig, im Alter lockerer

Standort: sonnig

Verwendung: Einzelpflanzung

Latsche
Pinus mugo 'Gnom'

Nadeln: dunkelgrün

Zapfen/Frucht: mittelbraune Zapfen, ei- bis kegelförmig

Aussehen: flach strauchförmig, kompakt, 2 bis 3 m hoch und breit

Standort: sonnig bis halbschattig

Verwendung: als Sichtschutz, gemischte Hecken, Kübel, Tröge und Kästen

Blaue Mädchenkiefer
Pinus parviflora 'Glauca'

Nadeln: fünfnadelig, blaugrün mit weißen Streifen
Zapfen/Frucht: kleine ovale Zapfen
Aussehen: 6 bis 10 m hoch und 5 bis 7 m breit, malerischer Wuchs, locker kegelförmig
Standort: sonnig
Verwendung: oder Solitär

Japanische Schirmtanne
Sciadopitys verticillata

Nadeln: grün glänzend
Zapfen/Frucht: graubraune Zapfen
Aussehen: kegel- bis säulenförmig, 8 bis 15 m hoch und 2 bis 4 m breit
Standort: halbschattig
Verwendung: Kleinbaum, Einzelpflanzung, Japangärten, große Rabatten, etwas frostempfindlich

Eibe
Taxus baccata

Nadeln: dunkelgrün, weich
Zapfen/Frucht: rote Beeren
Aussehen: 2,5 bis 5 m hoch und bis 1 bis 4 m breit, aufrecht strauchförmig, breit wachsend, breit kugelig, säulen- oder kegelförmig
Standort: sonnig bis halbschattig
Verwendung: Heckenpflanze oder Einzel- und Heckenpflanzung

Lebensbaum
Thuja occidentalis 'Smaragd'

Nadeln: dunkel smaragdgrün
Zapfen/Frucht: rötlichbraune Zapfen
Aussehen: kegelförmig, 4 bis 6 m hoch und 1 bis 1,5 m breit
Standort: sonnig bis halbschattig
Verwendung: mittelhoher Baum, Einzel- und Heckenpflanzung, sehr frosthart und windfest, stadtklimafest

Fünf nadelige Gesellen

Name	Standort	Höhe Breite	Nadeln	Verwendung
Korea-Tanne (*Abies koreana*)	sonnig bis halbschattig	5 bis 10 m 3 bis 4 m	dunkelgrün unterseits weiß	Einzelstellung, Töpfe und Tröge
Scheinzypresse (*Chamaecyparis lawsoniana* 'Glauca Spek')	sonnig bis halbschattig	7 bis 10 m 2 bis 3 m	graublau	Hecken, Einzelstellung
Zwerg-Hemlocktanne (*Tsuga canadensis* 'Nana')	sonnig bis halbschattig	1 bis 2 m 1 bis 2 m	dunkelgrün, unterseits weiß gestreift	Teichrand, Japangarten
Schlangenhaut-Kiefer (*Pinus leucodermis* 'Compacht Gem')	halbschattig	8 bis 15 m 4,5 bis 8,5 m	dunkelgrün	Einzelstellung
Chinesischer Berg-Wacholder (*Juniperus squamata* 'Blue Star')	sonnig bis halbschattig	0,5 bis 2 m 1 bis 3 m	silbrig graublau	Einzelstellung, Japangarten

Schnittlauch
Allium schoenoprasum

Blüte: April bis Juni, rosa
Aussehen: 15 bis 30 cm hoch, horstbildend
Standort: sonnig
Verwendung: für Küchen- und Gemüsegärten, Bienen- und Insektenpflanze
Ernte: das ganze Jahr, frische Blätter
Vermehrung: Teilung, Aussaat, nur frisches Saatgut keimt gut

Estragon
Artemisia dracunculus

Blüte: Juli bis August, weißlich
Aussehen: 60 bis 120 cm hoch und 60 bis 80 cm breit, aufrecht buschig
Standort: sonnig
Verwendung: für Küchen- und Gemüsegärten, duftend
Ernte: frische Triebspitzen ab Mai oder Juni bis Spätherbst, zum Trocknen vor Blüte ernten
Vermehrung: Ausläufer, Teilung

Borretsch
Borago officinalis

Blüte: Juni bis September, leuchtend blau
Aussehen: 40 bis 60 cm hoch und 35 bis 50 cm breit, aufrecht
Standort: sonnig bis halbschattig
Verwendung: für Küchen- und Gemüsegärten, für Töpfe und Kübel
Ernte: Mai bis Oktober, junge Blätter und Blüten
Vermehrung: Aussaat ab April in mehrer Sätzen, Dunkelkeimer, sät sich leicht selbst aus

Ysop
Hyssopus officinalis

Blüte: Juli bis August, blau-violett bis violett
Aussehen: 30 bis 60 cm hoch und 20 bis 40 cm breit, aufrecht buschig, kompakt wachsend
Standort: sonnig
Verwendung: für Küchen- und Gemüsegärten, Bienen- und Insektenpflanze, duftend
Ernte: frisches Kraut, aber nur bis zur Blüte
Vermehrung: Aussaat, Stecklinge, Teilung

Echter Lavendel
Lavandula angustifolia

Blüte: Juli bis August, violett
Aussehen: 40 bis 60 cm hoch und 30 bis 40 cm breit, aufrecht buschig
Standort: vollsonnig
Verwendung: für Küchen- und Gemüsegärten, Bienen- und Insektenpflanze, für Töpfe und Kübel, Duftpflanze, auch für Staudenbeete oder Steingärten
Ernte: ab Mai, junge Triebe und frische Blätter, nach Öffnen der Blüte bündeln und trocknen

Liebstöckel, Maggikraut
Levisticum officinale

Blüte: Juli bis August, gelb-grüne Dolden
Aussehen: 1 bis 2 m hoch und bis 1 m breit, aufrecht buschig, horstbildend, stark verzweigende Wurzelstöcke, kann wuchern
Standort: sonnig bis halbschattig
Verwendung: für Küchen- und Gemüsegärten, duftend
Ernte: frische Blätter ab Mai, Wurzeln im Herbst des zweiten Jahres

Majoran
Origanum majorana

Blüte: Juli bis September, je nach Sorte weiß bis rosa
Aussehen: 30 bis 60 cm hoch und 30 bis 50 cm breit, aufrecht buschig
Standort: sonnig
Verwendung: für Küchen- und Gemüsegärten, Bienen- und Insektenpflanze, für Töpfe und Kübel, duftend
Ernte: vom Frühjahr bis zur Blüte, frisches Kraut
Vermehrung: Aussaat (Anfang Mai)

Petersilie
Petroselinum crispum

Blüte: Juli bis August, gelblich grün
Aussehen: 15 bis 25 cm hoch und bis 40 cm breit, bildet Rosetten
Standort: sonnig
Verwendung: für Küchen- und Gemüsegärten, für Töpfe und Kübel
Ernte: vom Frühjahr bis zur Blüte im 2. Jahr, frisches Kraut, zur Konservierung im Spätsommer ernten
Vermehrung: Aussaat (Frühjahr)

Rosmarin
Rosmarinus officinalis

Blüte: Mai bis Juni, hellviolett
Aussehen: 1 bis 1,5 m hoch und 70 bis 120 cm breit, aufrecht buschig
Standort: sonnig, geschützt
Verwendung: für Küchen- und Gemüsegärten, Bienen- und Insektenpflanze, für Töpfe und Kübel, duftend, nicht zuverlässig frosthart, bei 3 bis 5 °C überwintern
Ernte: ab dem Frühjahr, zum Trocknen vor der Blüte
Vermehrung: Aussaat (Frühjahr), Stecklinge

Salbei, Garten-Salbei
Salvia officinalis

Blüte: Juni bis August, blauviolett bis fliederblau, auch weiß
Aussehen: 50 bis 70 cm hoch und 40 bis 60 cm breit, aufrecht buschig
Standort: sonnig
Verwendung: für Küchen- und Gemüsegärten, Bienen- und Insektenpflanze, für Töpfe und Kübel geeignet, duftend, Steingartenpflanze
Ernte: vor der Blüte, junge Blätter und Triebe
Vermehrung: Aussaat (ab März)

Berg-Bohnenkraut, Winter-Bohnenkraut
Satureja montana

Blüte: Juni bis August, weißlich violett bis hellviolett
Aussehen: 20 bis 40 cm hoch und 30 bis 50 cm breit, buschig bis breit wachsend
Standort: sonnig
Verwendung: für Küchen- und Gemüsegärten, für Töpfe und Kübel, duftend, auch als Steingartenpflanze
Ernte: ganzjährig, junge Triebe und Blätter
Vermehrung: Aussaat (Frühjahr), Stecklinge, Absenker

Echter Thymian, Garten-Thymian
Thymus vulgaris

Blüte: Juli bis September, hellrosa bis purpurrosa
Aussehen: 20 bis 30 cm hoch und 20 bis 40 cm breit, kompakt buschig
Standort: sonnig
Verwendung: für Küchen- und Gemüsegärten, für Töpfe und Kübel, duftend, Steingartenpflanze
Ernte: bis zur Blüte, junge Triebe
Vermehrung: Aussaat, Stecklinge, Teilung, Absenker

Zwiebel
Allium cepa

Standort: sonnig
Pflege: Aussaatabstand: 20 cm x 2 cm
Anzucht: Direktsaat im zeitigen Frühjahr, Pflanzung von Steckzwiebeln
Pflanzabstand: 5 x 20 bis 25 cm
Ernte: August bis September, Zwiebeln
Bewässerung: gleichmäßig, regelmäßig, wenn die Schlotten knicken, nicht mehr gießen
Lagerung: trocken und luftig

Mangold
Beta vulgaris var. *vulgaris*

Standort: sonnig
Pflege: Direktsaat ab Frühjahr bis Frühsommer
Pflanzabstand: 30 x 5 cm
Ernte: Juni bis Oktober, äußere Blätter oder ganze Pflanze auf einmal
Bewässerung: regelmäßig gießen
Lagerung: Überwinterung in milden Lagen unter Vlies möglich

Brokkoli
Brassica oleracea var. *italica*

Standort: sonnig
Pflege: Aussaat ab April, Pflanzung von Mai bis August, bei Vliesabdeckung frühere Ernte
Pflanzabstand: 40 x 40 cm
Ernte: bei Vliesabdeckung ab Mai, sonst bis November, knospige Blume mit Haupt- und Seitentrieben
Bewässerung: regelmäßig gießen
Lagerung: Einfrieren nach Blanchieren möglich

Chicorée
Cichorium intybus var. *foliosum*

Standort: sonnig
Pflege: Aussaat ab April
Pflanzabstand: 30 x 30 cm
Ernte: Wurzeln ab Ende August, dann Blätter entfernen, Treiben auch ohne Erde möglich, Sprosse nach dem Treiben in Dunkelräumen
Bewässerung: gleichmäßig feucht halten
Lagerung: Wurzeln kühl und dunkel

Möhre, Karotte
Daucus carota ssp. *sativus*

Standort: sonnig
Pflege: Aussaatabstand: 20 x 2 cm, Direktsaat von März bis Juni
Pflanzabstand: nach dem Keimen auf 3 bis 5 cm vereinzeln
Ernte: Möhren von Juni bis Oktober, Wurzelrüben
Bewässerung: regelmäßig gießen, bei Trockenheit Missbildungen
Lagerung: kühl und dunkel

Pflücksalat, Schnittsalat
Lactuca sativa var. *crispa*

Standort: sonnig
Pflege: Aussaatabstand: 20 x 1 cm, Direktsaat ab März
Pflanzabstand: bei zu dichtem Stand vereinzeln für kräftigere Pflanzen
Ernte: April bis Oktober, junge, zarte Blätter
Bewässerung: regelmäßig bis häufig gießen
Lagerung: Blätter in feuchtes Tuch eingeschlagen einige Zeit im Kühlschrank haltbar

Chinesischer Senfkohl
Pak Choi

Standort: sonnig
Pflege: in Saatkisten ab März oder Direktsaat ins Beet ab April
Pflanzabstand: 30 x 30 bis 20 cm
Ernte: ab Juni (bei Vliesbedeckung zur Verfrühung), junge Pflanzenrosette besonders zart
Bewässerung: regelmäßig gießen
Lagerung: nur kurz lagern, da frisch am besten

Feuerbohne
Phaseolus coccineus

Standort: sonnig
Pflege: Aussaat im April oder Mai direkt ins Beet
Pflanzabstand: 3 Korn (Horstsaat) im Abstand von etwa 100 x 20 cm, auch an Zäunen als Sichtschutz
Ernte: Juli bis September, Hülsen mit unreifen Bohnen
Bewässerung: regelmäßig gießen
Lagerung: Einfrieren oder Einkochen möglich

Radieschen
Raphanus sativus var. sativus

Standort: sonnig
Pflege: Aussaatabstand: 10 bis 15 x 2 cm, Anzucht im Winter im Gewächshaus oder Frühbeet, Aussaat ab März im Freiland
Ernte: 4 bis 10 Wochen nach der Aussaat, Wurzelknolle
Bewässerung: regelmäßig gießen, sonst pelziger Geschmack
Lagerung: im kühlen Raum sind Radieschen einige Tage haltbar

Feldsalat
Valerianella locusta

Standort: sonnig
Pflege: Aussaatabstand: 20 x 3 cm, Aussaat ab August bis März
Pflanzabstand: bei zu dichtem Stand vereinzeln
Ernte: 2 bis 6 Monate nach Aussaat, Blattrosette vor dem Schossen
Bewässerung: nur im Sommer nötig
Lagerung: in feuchtes Küchentuch eingeschlagen einige Tage, am besten aber gleich verbrauchen oder einfrieren

Gemüse für kleine Gärten

Deutscher Name	Standort	Kultur	Pflanzabstand	Ernte
Rhabarber	sonnig	Pflanzung im Frühjahr	100 x 150 cm	im Frühjahr bis Mitte Juni, junge Blattstiele
Schwarzwurzel	sonnig	Direktsaat ab März	30 x 3 cm	im Herbst und Winter, Wurzeln
Spinat	sonnig	Aussaat ab Februar oder März in mehreren Sätzen bis August (richtige Sorten verwenden, sonst schossen die Pflanzen)	0,5 x 20 cm	mehrmalig während der Wachstumszeit, Blätter
Topinambur	sonnig	Pflanzung von Knollen im Frühjahr, bis 2 m hoch	70 x 20 cm	von Herbst bis Frühjahr, da frostverträglich, Knollen
Zucchini	sonnig	Aussaat in Saatkisten ab April, Pflanzung im Mai	90 x 90 cm	regelmäßig, wenn Früchte gewünschte Größe erreichen

Erdbeere
Fragaria x ananassa

Standort: sonnig bis halb-schattig

Aussehen: 15 bis 25 cm hoch und bis 30 cm breit, kompakt bis flach wachsend, Ausläufer bildend

Blüte: von April bis Juni (remontierende, d. h. mehrmals blühende Sorten sogar bis September), weiß

Frucht: rote Erdbeeren

Ernte: Juni bis Juli

Apfel
Malus domestica

Standort: sonnig

Aussehen: 2 bis 10 m hoch und 1,5 bis 8 m breit, spindelförmig bis breit ausladend, Höhe und Breite abhängig von Erziehung, Schnitt und Unterlage

Blüte: von April bis Mai, weiß bis zartrosa

Frucht: gelb oder rot, grün, Äpfel, Vitamin-Gehalt ist abhängig von der Sorte

Ernte: August bis Oktober

Schnitt: in der Jugend Erziehungsschnitt, später Auslichtungsschnitt

Süßkirsche
Prunus avium

Standort: sonnig

Aussehen: 3 bis 8 m hoch und 3 bis 6 m breit, eiförmig, ausladend

Blüte: von April bis Anfang Mai, weiß

Frucht: gelbrote, hell- bis schwarzrote, rundliche bis herzförmige Kirschen, Form ist sortenabhängig

Ernte: Juni bis Juli

Schnitt: in der Jugend Erziehungsschnitt, Auslichtungsschnitt im August, im Frühjahr nicht schneiden, da Wunden bluten

Sauerkirsche
Prunus cerasus

Standort: sonnig bis halb-schattig

Aussehen: 2 bis 4 m hoch und 2 bis 3 m breit, baumartiger Strauch oder kleiner Baum

Blüte: April, weiß

Frucht: hellrot bis dunkelrot, Kirschen

Ernte: Juni bis Juli

Schnitt: querwachsende oder unerwünschte Äste im Spätwinter an frostfreien Tagen herausschneiden, später Auslichtungsschnitt im August

Pflaume, Zwetsche
Prunus domestica
'Hauszwetsche'

Standort: sonnig

Aussehen: 5 bis 10 m hoch, breit-ovale Krone

Blüte: von April bis Mai, weiß

Frucht: dunkelblau, Pflaumen

Ernte: Mitte September

Schnitt: jährlicher Fruchtholzschnitt, in der Jugend Erziehungsschnitt nötig, später nur Auslichtungsschnitt im Spätwinter

Birne
Pyrus communis

Standort: sonnig

Aussehen: 3 bis 10 m hoch und 1,5 bis 6 m breit, kegelförmige Krone

Blüte: von April bis Mai, weiß

Frucht: grüne, gelbe oder bronzefarbene Birnen, Form und Größe sortenabhängig

Ernte: August bis Oktober

Schnitt: querwachsende oder unerwünschte Äste im Spätwinter an frostfreien Tagen herausschneiden, später nur Auslichtungsschnitt im Spätwinter

Jostabeere
Ribes x nidigrolaria

Standort: sonnig
Aussehen: aufrecht strauchförmig, 1 bis 1,5 m hoch und breit
Blüte: April, unscheinbar
Frucht: schwarzbraune bis schwarze Beeren
Ernte: Juni
Schnitt: nach der Ernte alle Basistriebe entfernen, die älter als 4 Jahre sind
Verwendung: Strauch, auffällige Früchte, selbstfruchtbar, für Einsteiger

Schwarze Johannisbeere
Ribes nigrum

Standort: sonnig bis halbschattig
Aussehen: 1 bis 1,5 m, als Hecke bis 2 m hoch und 0,8 bis 1,20 m breit, aufrecht strauchförmig, auch als Hochstämmchen
Blüte: April, hellgrün bis rötlich
Frucht: schwarze Beeren in Trauben
Ernte: Juli
Schnitt: nach der Ernte alle Basistriebe entfernen, die älter als 4 Jahre sind

Rote Johannisbeere, Weiße Johannisbeere
Ribes rubrum

Standort: sonnig bis halbschattig
Aussehen: 1 bis 1,5 m, als Hecke bis 2 m hoch und 0,8 bis 1,2 m breit, aufrecht strauchförmig, auch als Hochstämmchen
Blüte: April, hellgrün
Frucht: je nach Sorte rot, rosarot oder weiß, Trauben
Ernte: Juni bis August
Schnitt: nach der Ernte alle Basistriebe entfernen, die älter als 4 Jahre sind

Stachelbeere
Ribes uva-crispa

Standort: sonnig bis halbschattig
Aussehen: 0,8 bis 1 m, als Hecke bis 2 m hoch und 0,8 bis 1 m breit, aufrecht überhängend bis flach wachsend, auch als Hochstämmchen
Blüte: von April bis Mai, weißlich grün
Frucht: grün, gelb, rötlich, typische Stachelbeeren
Ernte: Juli
Schnitt: nach der Ernte alle Basistriebe entfernen, die älter als 4 Jahre sind

Himbeere
Rubus idaeus

Standort: sonnig bis halbschattig
Aussehen: 1 bis 2 m hoch und 20 bis 60 cm breit, strauchig aufrecht, Stützgerüst nötig
Blüte: von Mai bis August/ September, weiß bis cremefarben
Frucht: rote, rosa, gelbe, oder schwarze Himbeeren, Größe sortenabhängig
Ernte: Juni bis Oktober
Schnitt: abgetragene Ruten nach der Ernte entfernen

Tafeltraube
Vitis vinifera

Standort: sonnig
Aussehen: bis 5 m hoch rankend, Rankhilfe notwendig (Spalier, Pergola)
Blüte: Mai, unscheinbare Blütenstände
Frucht: grüne, gelbe, rote oder blaue Trauben
Ernte: September bis Oktober
Schnitt: Erziehungsschnitt, später Zapfen- und Bogenschnitt

Leberbalsam, Blausternchen
Ageratum houstonianum

Blüte: Mai bis November, hellblau bis violettblau, auch purpurrot oder weiß

Aussehen: 15 bis 35 cm hoch und 20 bis 30 cm breit, kompakt buschig, dicht

Standort: sonnig bis halbschattig

Pflegetipps: regelmäßig verblühte Sprossspitzen entfernen verlängert die Blütezeit

Verwendung: für Lücken- und Unterpflanzungen, auffallende Blüten

Pazifik-Margerite
Ajania pacifica

Blüte: August bis Oktober, gelb

Aussehen: 20 bis 50 cm hoch und 60 bis 90 cm breit, kompakt

Standort: sonnig

Pflegetipps: braucht relativ wenig Wasser und Dünger

Überwinterung: Winterschutz im Freien empfehlenswert

Verwendung: für Lücken- und Unterpflanzungen, auffallende Blüten und Blätter

Löwenmäulchen
Antirrhinum majus

Blüte: Juli bis Oktober, in Gelb, Rosa, Rot oder Weiß

Aussehen: 25 bis 100 cm hoch und 15 bis 60 cm breit

Standort: sonnig

Pflegetipps: Entspitzen nach dem fünften Blatt für buschigen Wuchs, Verblühtes entfernen

Verwendung: für bunte Blumenbeete, Leitpflanze in Misch- und Kastenpflanzungen, lockt Bienen und Schmetterlinge an

Goldmarie, Zweizahn, Goldzweizahn
Bidens ferulifolia

Blüte: Mai bis Oktober, goldgelb

Aussehen: 30 bis 45 cm hoch und 50 bis 60 cm breit, aufrecht buschig bis überhängend, starkwüchsig

Standort: sonnig

Pflegetipps: frühzeitiges Entspitzen fördert buschiges Wachstum, regelmäßig ausputzen, Trockenheit führt zu Blütenfall

Verwendung: Ampeln, mit stark wachsenden Pflanzen kombinieren, duftend

Pantoffelblume
Calceolaria integrifolia

Blüte: Mai bis September, leuchtend gelb, orange

Aussehen: 20 bis 50 cm hoch und breit, aufrecht bis überhängend

Standort: sonnig bis halbschattig

Pflegetipps: regelmäßig Verblühtes entfernen, um die Blütezeit zu verlängern

Überwinterung: frostfreie Überwinterung möglich

Verwendung: mit roten Pelargonien und blauem Leberbalsam kombinieren

Gartenchrysantheme
Dendranthema x grandiflorum

Blüte: September bis Oktober, gelb, rosa, rot, violett oder weiß

Aussehen: 60 bis 130 cm hoch und 30 bis 60 cm breit, aufrecht bis buschig

Standort: sonnig

Pflegetipps: ausgewachsen im Knospen-Stadium kaufen: im Herbst oder Frühling abgestorbenen Spross entfernen

Verwendung: für Töpfe und Kübel, passen zu Zwergkoniferen, Efeu und Heidekraut

Fuchsie
Fuchsia-Cultivars

Blüte: Mai bis September, rosa, rot, violett, weiß, auch mehrfarbig, sortenabhängig einfach bis gefüllt
Aussehen: 30 bis 120 cm hoch und 30 bis 60 cm breit, aufrecht strauch- oder baumförmig bis überhängend
Standort: sonnig bis halbschattig
Überwinterung: hell bei mindestens 3 °C
Verwendung: Blüten- und Ziergehölz, Ampelbepflanzung

Winterharte Fuchsie
Fuchsia magellanica

Blüte: Juli bis September, rosa, rot, weiß
Aussehen: 60 bis 90 cm hoch und 60 bis 70 cm breit, aufrecht
Standort: sonnig bis halbschattig
Pflegetipps: alle Triebe im zeitigen Frühjahr bis auf etwa 30 cm zurückschneiden
Überwinterung: Winterschutz ist empfohlen
Verwendung: Einzelpflanzung, Leitpflanze in Mischpflanzungen, attraktive Blüten

Gundermann
Glechoma hederacea

Blüte: März bis April, blauviolett
Aussehen: 10 bis 15 cm hoch und 60 und mehr cm breit, kriechend teppichbildend
Standort: sonnig bis halbschattig
Pflegetipps: verträgt Rasenschnitt
Überwinterung: winterhart
Verwendung: Gehölzrand, für Lücken- und Unterpflanzungen, als Blattschmuckpflanze, kann stark wuchern

Vanilleblume
Heliotropium arborescens

Blüte: Mai bis September, violettblau
Aussehen: 30 bis 120 cm hoch und 30 bis 50 cm breit, aufrecht bis kompakt
Standort: sonnig bis halbschattig
Pflegetipps: Entspitzen der Triebe für buschigen Wuchs, Verblühtes entfernen
Überwinterung: hell bei 10 °C
Verwendung: Leitpflanze in Mischpflanzungen, Insektenweide, Vanilleduft, auch als Kübelpflanze

Edellieschen
Impatiens-Neuguinea-Gruppe

Blüte: Mai bis September, karminrot, lavendelblau, orange, rosa, rot, weiß
Aussehen: 20 bis 40 cm hoch und 20 bis 30 cm breit
Standort: sonnig bis halbschattig
Pflegetipps: regelmäßiges Putzen, nach Regen verblühte Blüten entfernen
Überwinterung: hell, bei mindestens 16 °C möglich
Verwendung: für Lücken- und Unterpflanzungen, Dauerblüher

Fleißiges Lieschen
Impatiens walleriana

Blüte: Juni bis September, karminrot, lavendelblau, orange, rosa, rot oder weiß
Aussehen: 20 bis 60 cm hoch und 30 bis 60 cm breit, aufrecht buschig
Standort: halbschattig
Pflegetipps: regelmäßig Verblühtes ausputzen
Überwinterung: hell, bei mindestens 3 °C
Verwendung: unermüdlicher Blüher, wird einjährig gezogen, schön in Kübeln am Eingang, Zimmer- und Begleitpflanze

Hänge-Pelargonie
Pelargonium peltatum
(in Sorten)

Blüte: Mai bis Oktober, purpur, rosa, rot, violett, weiß

Aussehen: 30 bis 40 cm hoch, bis 50 cm breit, kräftig buschig, überhängend

Standort: sonnig

Pflegetipps: verblühte Pflanzenteile entfernen

Überwinterung: hell bei mindestens 3 °C, trocken

Verwendung: Ampelbepflanzung, Leitpflanze in Misch- und Kastenpflanzungen

Pelargonie
Pelargonium zonale

Blüte: Mai bis Oktober, purpur, rot, violett, weiß

Aussehen: 30 bis 40 cm hoch und bis 50 cm breit, kräftig buschig, überhängend

Standort: sonnig

Pflegetipps: im Herbst vor der Überwinterung ein Drittel einkürzen, Verblühtes regelmäßig entfernen

Überwinterung: hell bei mindestens 3 °C, trocken

Verwendung: Leitpflanze in Misch- und Kastenpflanzungen

Hänge-Petunie
Petunia Million-Bells-Serie®

Blüte: Mai bis September, purpur, rosa, rot, violett, weiß und gelb

Aussehen: 15 bis 25 cm hoch und 30 bis 60 cm breit, niederliegend bis stark hängend

Standort: sonnig

Pflegetipps: frühzeitiges Entspitzen der Triebe, regelmäßig ausputzen

Verwendung: dekorative Ampelbepflanzung, Klassiker, Begleitpflanze

Husarenknopf
Sanvitalia procumbens

Blüte: Juni bis September, gelb mit dunkelbrauner oder grüner Mitte

Aussehen: 10 bis 20 cm hoch und 20 bis 40 cm breit, niederliegend bis buschig

Standort: sonnig

Pflegetipps: regelmäßig Verblühtes ausschneiden für neue Blütenbildung

Verwendung: „Sonnenblumenblüten" in Klein, Ampeln, für gemischte Beet- und Kastenpflanzungen, Begleitpflanze

Blaue Fächerblume
Scaevola saligna

Blüte: Mai bis Oktober, blau, purpurblau

Aussehen: 30 bis 50 cm hoch und 30 bis 50 cm breit, aufrecht buschig bis leicht überhängend

Standort: sonnig bis halbschattig

Pflegetipps: frühzeitiges Entspitzen der Triebe für buschigeren Wuchs, regelmäßig ausputzen

Überwinterung: hell, bei mindestens 5 bis 7 °C

Verwendung: Ampelbepflanzung, wetterfest

Garten-Stiefmütterchen
Viola x wittrockiana

Blüte: Februar bis Juni, in blau, gelb, orange, rosa, rot, violett, weiß

Aussehen: 20 bis 25 cm hoch und 20 bis 25 cm breit, kompakt buschig, horstbildend

Standort: sonnig bis halbschattig

Überwinterung: relativ winterhart

Verwendung: wunderschöne, ausdrucksstarke Blüten

Schönmalve
Abutilon-Hybriden

Blüte: Mai bis September, gelb, orange, rosa, rot, weiß, becherförmig
Aussehen: 1,5 bis 2,5 m hoch und 2 m breit, aufrecht buschig
Standort: sonnig
Überwinterung: hell bei 10 °C
Verwendung: Einzelstellung, Kübelpflanze
Vermehrung: Stecklinge

Schmucklilie
Agapanthus praecox ssp. *orientalis*

Blüte: Juli bis Oktober, blau oder weiß
Aussehen: 60 bis 90 cm hoch und 60 cm breit, aufrecht, horstbildend
Standort: sonnig
Verwendung: farbenfrohe Beete und Rabatten, Bienen- und Insektenpflanze, für Töpfe und Kübel, auch als Schnittblume
Vermehrung: Teilung

Bougainvillee
Bougainvillea glabra

Blüte: Juli bis September, weiß, magentarot, purpurviolett, gelb, Farbwirkung durch Hochblätter (Brakteen), die die kleinen, cremefarbenen Blüten umgeben
Aussehen: 1,5 bis 3 m hoch und 1,5 bis 2 m breit
Standort: sonnig
Überwinterung: hell bei 3 bis 10 °C, trocken halten
Verwendung: als Hochstämmchen, auffallende Blüten (mediterrane Ausstrahlung)
Vermehrung: Stecklinge

Engelstrompete, Stechapfel
Brugmansia suaveolens

Blüte: Juni bis September, weiß, gelb, rosa, duften in der Dämmerung, trompetenförmig
Aussehen: 1,5 bis 4 m hoch und 1 bis 2,5 m breit, aufrecht strauchförmig
Standort: sonnig
Verwendung: ausgepflanzt (im Sommer) in Beeten und Rabatten, Kübel
Vermehrung: Stecklinge

Roter Hammerstrauch
Cestrum elegans

Blüte: Juli bis September, karmin bis purpurrot, dicht zusammenstehende Röhrenblüten
Aussehen: 1,5 bis 2 m hoch und bis 1,5 m breit, strauchartig, aufrecht bis bogig überneigend
Standort: sonnig bis halbschattig
Überwinterung: hell, bei 5 bis 7 °C
Verwendung: lange Blütezeit, robuste Blüten, Einzelstellung

Chinesischer Roseneibisch
*Hibiscus-Rosa-Sinensis-*Hybriden

Blüte: ganzjährig (bei ausreichend Licht und Temperaturen von mindestens 15 °C), gelb, karminrot, orange, weiß, trichterförmig
Aussehen: 1 bis 1,5 m hoch und bis 1 m breit, rundlich strauchförmig bis ausladend
Standort: sonnig, geschützt
Verwendung: Einzelstellung, Bienen- und Insektenpflanze
Vermehrung: Stecklinge

Zwergpalme
Chamaerops humilis

Blüte: Blüte bei älteren Pflanzen möglich, gelbe bis braune Beerenfrüchte nur an weiblichen Pflanzen durch Befruchtung einer männlichen Pflanze möglich
Aussehen: 1 bis 2 m hoch und bis 1,5 m breit, aufrecht buschig
Standort: sonnig bis halbschattig
Überwinterung: bei mindestens 3 °C, hell
Verwendung: Einzelstellung, mediteranes Flair

Zitrone
Citrus limon

Blüte: ganzjährig, Früchte und Blüten teilweise gleichzeitig auf einer Pflanze, weiß, intensiv duftend
Aussehen: 1,5 bis 2,5 m hoch und bis 2 m breit, breit strauchförmig bis ausladend, stachelig und dicht verzweigt
Standort: sonnig bis halbschattig
Verwendung: für Töpfe und Kübel, mediterranes Flair, Einzelstellung oder in Gruppen
Vermehrung: Stecklinge

Korallenstrauch
Erythrina crista-galli

Blüte: Juli bis September, leuchtend rot
Aussehen: 1,5 bis 2,5 m hoch und bis 1,5 m breit, locker strauchförmig
Standort: sonnig
Überwinterung: Ruheperiode nach Laubabwurf, dabei trocken halten bei 5 °C, dunkle Überwinterung möglich
Verwendung: interessante Blüten und Hülsenfrüchte
Vermehrung: Stecklinge

Wandelröschen
Lantana camara

Blüte: Mai bis Oktober, in Gelb, Lachsrot, Purpur, Rot oder Weiß, lange Blütezeit
Aussehen: 30 bis 100 cm hoch und genauso breit, aufrecht buschig bis rundlich
Standort: sonnig
Überwinterung: bei 5 bis 10 °C an einem hellen Standort
Verwendung: auch als Hochstämmchen, dann höher
Vermehrung: Stecklinge

Echter Lorbeer
Laurus nobilis

Blüte: April bis Mai, gelbgrün, zweihäusig
Aussehen: 1,50 bis 2 m hoch und bis 1,5 m breit, aufrecht buschig bis kegelförmig
Standort: sonnig
Überwinterung: bei mindestens 3 °C an einem hellen Standort
Verwendung: schöne Blattpflanze, Blätter zum Würzen
Vermehrung: Stecklinge

Enzianstrauch, Enzianblume
Lycianthes rantonnetii

Blüte: Juni bis September, violettblau bis violett
Aussehen: 1 bis 2 m hoch und genauso breit, aufrecht strauchförmig bis ausladend
Standort: sonnig mit Hitzeschattierung
Überwinterung: bei mindestens 5 bis 7 °C an einem hellen Standort
Verwendung: sehr schöne Blüten, Einzelstellung
Vermehrung: Stecklinge

Oleander
Nerium oleander

Blüte: Juli bis September, weiß bis scharlachrot, rosa, blassgelb, einfach, halb gefüllt oder gefüllt
Aussehen: 2 bis 3 m hoch und 1 bis 2 m breit, locker aufrecht bis ausladend
Standort: sonnig
Überwinterung: bei 5 bis 10 °C an einem hellen, luftigen Standort
Verwendung: für Kübel und Töpfe, Blüten- und Ziergehölz, alle Pflanzenteile giftig
Vermehrung: Stecklinge

Echte Olive, Ölbaum
Olea europaea

Blüte: Mai bis Juni, gelblich weiß
Aussehen: 2 bis 3 m hoch und 1,5 bis 2 m breit, rundlich aufrecht
Standort: sonnig
Überwinterung: bei 10 °C an einem hellen Standort
Verwendung: vermittelt mediterrane Stimmung
Vermehrung: Stecklinge, Aussaat

Bleiwurz
Plumbago auriculata

Blüte: Juni bis September, himmelblau bis violettblau, weiß
Aussehen: 1,5 bis 3 m hoch und 1 bis 2 m breit, überhängend strauchförmig bis klimmend, stark verzweigt
Standort: sonnig
Überwinterung: bei mindestens 3 °C an einem hellen Standort
Verwendung: Blüten- und Ziergehölz, Einzelpflanzung, schöne grazile Blüten
Vermehrung: Stecklinge

Granatapfel
Punica granatum

Blüte: Juli bis September, leuchtend rot, auch gelbe und weiße Sorten
Aussehen: 2 bis 3 m hoch und bis 1,5 m breit, aufrecht strauchförmig, dicht verzweigt
Standort: sonnig
Überwinterung: bei mindestens 5 bis 10 °C, auch dunkel möglich
Verwendung: Blüten- und Ziergehölz, Einzelstellung
Vermehrung: Stecklinge

Tibouchine, Veilchenstrauch, Prinzessinenstrauch
Tibouchina urvilleana

Blüte: Juli bis September, violett bis purpurviolett samtig veilchenähnlich
Aussehen: 2 bis 3 m hoch und 1,5 bis 2 m breit, aufrecht strauchförmig bis schwach ausladend
Standort: sonnig
Überwinterung: bei 10 °C an einem hellen Standort
Verwendung: Blüten- und Ziergehölz, besonders großblütig
Vermehrung: Stecklinge

Hanfpalme
Trachycarpus fortunei

Blüte: selten, gelblich weiß
Aussehen: 1,5 bis 3 m hoch und 1,5 bis 2 m breit, aufrecht palmenförmig
Standort: sonnig bis halbschattig
Überwinterung: kann in milden Regionen mit Winterschutz auch im Freiland gehalten oder frostfrei überwintert werden
Verwendung: Einzelpflanzung, Blattpflanze
Vermehrung: Aussaat

Adressen

Accessoirs, Rankhilfen, Balkonmöbel & Co.

Grün-Idee, Gisela Voges
Solarring 17
31860 Emmerthal
Tel. 05151 – 40 98 60
Fax. 05151 – 40 98 61

Die Gartengalerie
Monika Tittlbach
Wössinger Straße 15
75045 Walzbachtal-Wössingen
Tel. 07203 – 1805
Fax. 07203 – 6336
www.diegartengalerie.de

Country Garden
Nagoldstraße 23
72119 Ammerbuch-Pfäffingen
Tel. 07073 – 23 72
Fax. 07073 – 72 26
www.Country-garden.com

Blumenkasten Berlin
Tel. 030 – 30 67 67 48
blumen-kasten@t-online.de

Blattwerk
Stiftung Liebenau
Siggenweilerstraße 11
88074 Meckenbeuren
Tel. 07542 – 10 11 95
Fax. 07542 – 10 11 96
www.blattwerk-versand.de

Laden im Torbogen
Haxthausen 8
85354 Freising
Tel. 08165 – 99 71 60
Fax. 08165 – 88 91

Seite 10: Schottenküche
Seite 46: Feuerschale
DENK Keramik Werkstätten KG
Neershof
96450 Coburg
Tel. 0 95 63 – 20 28
Fax. 0 95 63 – 20 20
www.denk-keramik.de

Seite 46: Gartenfackeln
Seasonal Home
Am Siechengrund 10
95326 Kulmbach
email: info@seasonal-home.de
www.seasonal-home.de

Seite 57: Blumensäule
Car Selbstbaumöbel
Gutenbergstrasse 9a
24558 Henstedt-Ulzburg
Tel. 0 41 93 – 7 55 50
Fax. 0 41 93 – 75 55 15
www.car-Moebel.de

Seite 63: Garten-Pflanzbord
Ing. Peter Geusau
Gartenplanung & Gartenmöbel
Haidingerstraße 33
A-4611 Buchkirchen bei Wels
Österreich
Tel. 0043 (0) 72 42 – 55 766
www.geusau.at

Seite 63: Spind als Garten-
schrank
Living Art
Stockmeyerstr. 43
20457 Hamburg
Tel. 040 – 66 97 62 55

Bewässerungssysteme

Balkonkästen mit
Bewässerungssystem
Wilhelm Haug
Eisenbahnstraße 32
72119 Ammerbuch-Pfäffingen
Tel. 07073 – 30 20
Fax. 07073 – 60 20

Gardena Holding AG
Hans-Lorenser-Straße 40
89079 Ulm
Tel. 0731 – 490 32 05
www.gardena.com

Weninger GmbH
Hag 7
A-6410 Telfs
Tel. 00 43 – 52 62 – 62 43 50
Fax. 00 43 – 52 62 – 62 43 57
www.blumat.info

Balkonpflanzen

Dieter Stegmeier
Unteres Dorf 7
73457 Essingen
Tel. 07365 – 91 91 17
Fax. 07365 – 68 72

Baldur-Garten
Elbinger Straße 12
64625 Bensheim
Tel. 06251 – 10 35 10
Fax. 06251 – 10 35 99
www.baldur-garten.de

Gärtner Pötschke
Beuthener Straße 4
41561 Kaarst
Tel. 02131 – 79 33 33
Fax. 02131 – 79 34 44
www.gaertner-poetschke.de

Ahrends & Sieberz
53718 Siegburg-Seligenthal
Tel. 02242 – 88 91 11
Fax. 02242 – 88 91 88
www.ahrends-sieberz.de

Kräuter

Blumenschule
Engler & Friesch
Augsburger Straße 62
86956 Schongau
Tel. 08861 – 73 73
Fax. 08861 – 12 72
info@Blumenschule.de

Syringa Duft- und Würzkräuter
Bernd Dittrich
Bachstraße 7
78247 Hilzingen-Binningen
Tel. 07739 – 14 52
Fax. 07739 – 6 77
www.syringa-samen.de

Gärtnerei Treml
Eckerstraße 32
93471 Arnbruck
Tel. 09945 – 90 51 00
Fax. 09945 – 90 51 01
www.pflanzentreml.de

Kräuterey Lützel
Im Stillen Winkel 5
57271 Hilchenbach
Tel. 02733 – 38 46
Fax. 02733 – 1 26 79

Kräuter- und Staudengärtnerei
Mann
Schönbacher Straße 25
02708 Lawade
www.staudenmann.de

Rühlemanns Kräuter und
Duftpflanzen
Auf dem Berg 2
27367 Horstedt
Tel. 04288 – 92 85 58
Fax. 04288 – 92 85 59
www.ruehlemanns.de

Kübelpflanzen

Flora Mediterranea
Königsgütler 5
84072 Au/Hallertau
Tel. 08752 – 12 38
Fax. 08752 – 99 30
www.floramediterranea.de

Flora Toskana
Böfinger Weg 10
89075 Ulm/Donau
Tel. 0731 – 926 70 95
Fax. 0731 – 926 71 08
www.flora-toskana.de

Versandgärtnerei Koitzsch
Arheilger Straße 16
64390 Erzhausen
Tel. 06150 – 61 47
Fax. 06150 – 8 23 29

Wasserpflanzen

Erich Maier
Hansell 155
48341 Altenberge
Tel. 02505 – 15 33
Fax 02505 – 39 67

naturagart
Riesenbecker Str. 63
49479 Ibbenbühren-Dörenthe
Tel. 05451 – 59 34 10
Fax 05451 – 59 34 19
www.naturagart.de

Staudengärtnerei Eckhard
Schimana
Waldstr.21
86738 Deiningen
Tel. 09081 – 2 80 74

Seerosen-Farm Oldenhoff
Siglmühle 2
94051 Hauzenberg
Tel. 08586 – 16 93
Fax 08586 – 9 15 34
www.seerosen-farm.de

Rosen

W. Kordes`Söhne
Rosenstraße 54
25365 Klein-Offenseth-Sparres-
hoop
Tel. 04121 – 48 70 0
Fax. 04121 – 8 47 45
www.kordes-rosen.com

Lacon
J.-S.-Piazolo-Straße 4 a
68766 Hockenheim
Tel. 06205 – 40 01 oder 70 33
Fax. 06205 – 1 85 74
www.lacon rosen.de

Rosen Tantau
Tornescher Weg 13
25436 Uetersen
Tel. 04122 – 70 84
Fax. 04122 – 70 87
www.rosen-tantau.com

BKN Strobel über:
Rosarot Pflanzenversand
Gerd Hartung
Besenbek 4 b
25335 Raa-Besenbek
Tel. 04121 – 42 38 84
Fax. 04121 – 42 38 85
www.rosarotversand24.de

Noack Rosen
Im Waterkamp 12
33334 Gütersloh
Tel. 05241 – 2 01 87
Fax 05241 – 1 40 85

Walter Schultheis Rosenhof
61231 Bad Nauheim-Steinfurth
Tel. 06032 – 8 10 13
Fax. 06032 – 8 58 90
www.rosenhof-schultheis.de

Stauden

Gräfin von Zeppelin
Staudengärtnerei
79295 Sulzburg-Laufen
Tel. 07634 – 6 97 16
Fax. 07634 – 65 99
www.graefin-v-zeppelin.com

Staudengärtnerei
Dieter Gaissmayer
Jungviehweide 3
89257 Illertissen
Tel. 07303 – 72 58
Fax. 07303 – 4 21 81
www.staudengaissmayer.de

Staudengärtner Klose
Rosenstraße 10
34253 Lohfelden/Kassel
Tel. 0561- 51 55 55
Fax. 0561 – 51 51 20

Arends maubach
Staudengärtnerei
Monschaustraße 76
42369 Wuppertal-Ronsdorf
Tel. 0202 – 46 46 10
Fax. 0202 – 46 49 57

Ernst Pagels
Staudengärtnerei
Deichstraße 4
26789 Leer
Tel. 0491 – 32 18
Fax. 0491 – 6 25 16

Kletterpflanzen/Clematis
F.M. Westphal
Clematiskulturen
Peiner Hof 7
25497 Prisdorf
Tel. 04101 – 74104
Fax 04101 – 781118
www.clematis-westphal.de

Zwiebelblumen

Reinhold Krämer
Postfach 1511
73505 Schwäbisch Gmünd
Tel. 07171 – 92 87 12
Fax. 07171 – 92 87 14

Albert Treppens
Berliner Straße 84-88
14169 Berlin-Zehlendorf
Tel. 030 – 8 11 33 36
Fax. 030 – 43 04
www.treppens.de

Albrecht Hoch
Potsdamer Straße 40
14163 Berlin (Zehlendorf)
Tel. 030 – 8 02 62 51
Fax. 030 – 8 02 62 22

Samen/Jungpflanzen

Thysanotus Samenversand
Uwe Siebers
Schulweg 21
28876 Ovten
www.thysanotus-
samenversand.de
Thompson & Morgan
Postfach 10 69
36243 Niederaula
www.thompson-morgan.de

Jungpflanzen Grünewald
GmbH
Kochstr. 6
59379 Selm
Tel. 02592 – 91 45 – 0
Fax. 02592 – 91 45 - 30
www.ggg-gruenewald.com
info@ggg-gruenewald.com

Pflanzenliebhaber-Gesellschaften

Deutsche Citrus-Gesellschaft
c/o Peter Klock
Stutsmoor 42
22607 Hamburg

Deutsche Rhododendron-
Gesellschaft
c/o Julia Westhoff
Marcusallee 60
28359 Bremen

Deutsche Dahlien-, Fuchsien-,
und Gladiolen-Gesellschaft
c/o Bettina Verbeek
Maasstr. 153
4760 Geldern-Walbeck
www.ddfgg.de

Europäische Buchsbaum- und
Formschnitt-Gesellschaft
c/o Raphael Witte
Oberstr. 36
52349 Düren

Gesellschaft der Stauden-
freunde
Geschäftsstelle
Eichenstr. 5
67259 Beindersheim
www.gds-staudenfreunde.de

Internationale Clematis-
Gesellschaft
c/o Walter Hirsch
Hagenwiesenstr. 3
73066 Uhingen

Verein Deutscher
Rosenfreunde
c/o Hanni Bartetzko
Waldseestr. 14
76530 Baden-Baden
www.rosenfreunde.de

Deutsche Dendrologische
Gesellschaft
c/o Hubertus Nimsch
Schauinslandstr. 125
79100 Freiburg

Informationsstellen und Fortbildungsstätten

Gartenakademie – Fachschule
für Gartenbau
Soebrigener Str. 3 a
01326 Dresden-Pillnitz

Lennée Akademie für Garten-
bau und Gartenkultur
Ministerium für Ernährung,
Landwirtschaft und Forsten
Heinrich-Mann-Allee 103
14473 Potsdam

Schulungszentrum für naturge-
mäßen Land- und Gartenbau
Poppenbüttler Hauptstr. 46
22399 Hamburg

Hessische Akademie
Lehr- und Versuchsanstalt für
Gartenbau
Oberzwehrener Str. 103
34132 Kassel
Tel. 0561 – 40 909 – 0

Bildungsstätte des deutschen
Gartenbaus
Gießener Str. 47
35305 Grünberg

Beratungszentrum Garten
und Pflanze,
Lehr- und Versuchsanstalt
Gartenstr. 11
50765 Köln-Auweiler
Tel. 0221 – 53 40 20 – 0

Hessische Gartenakademie,
LVG Wiesbaden
Am Kloster Klarenthal 7
65195 Wiesbaden
Tel. 0611 – 94 68 1-0

Saarländische
Gartenakademie
Landwirtschaftskammer
Lessingstr. 12
66121 Saarbrücken
Tel. 0681 – 66 50 5-0

Internationale
Clematis-Gesellschaft
c/o Walter Hörsch
Hagenwiesenstr. 3
73066 Uhingen

Informationsstelle der
Versuchsanstalt
für Gartenbau an der
FH Weihenstephan
Am Staudengarten 9
85354 Freising
Tel. 08161 – 714-541

Bayr. Gartenakademie –
Bayr. Landesanstalt
für Weinbau und Gartenbau
An der Steige 15
97209 Veitshöchheim
Tel. 01804 – 98 01 14

Vereine und Verbände

Bundesverband Deutscher Gartenfreunde
Platanenallee 37
14050 Berlin
www.kleingarten-bund.de

Landesverband
niedersächsischer
Gartenbauvereine
Bückeburger Str. 11
31655 Stadthagen

Landesverband Hessen
für Obstbau, Garten und
Landschaftspflege
Finkenweg 19
35606 Solms

Landesverband der
Gartenbauvereine
Westfalen-Lippe
Postfach 1444
48565 Steinfurt

Verband rheinischer
Gartenbauvereine
Gartenstr. 11
50765 Köln

Bundesverband Deutscher Gartenfreunde
Steinerstr. 52
53225 Bonn

Landesverband der
Gartenbauvereine
Saar/Pfalz
Kaiserstr. 77
66133 Saarbrücken-Scheidt

Baden-Württembergischer
Landesverband für Obstbau,
Garten und Landschaft
Klopstockstr. 6
70193 Stuttgart

Deutsche Gartenbau-Gesellschaft
Webersteig 3
78462 Konstanz

Bayer. Landesverband für
Gartenbau und Landespflege
Herzog-Heinrich-Str. 21
80336 München

Staatliche Bodenuntersuchungsanstalten

LUFA des Landes
Sachsen-Anhalt
Schiepziger Str. 29
06120 Halle/Lettin

LUFA Thüringen
Naumburger Str. 98
07743 Jena

LUFA Rostock
Graf-Lippe-Str. 1
18059 Rostock

Institut für Angewandte
Botanik
Abt. KVT
Marseiller Str. 7
20355 Hamburg

Hessische Landwirtschaftliche
Versuchsanstalt
Landwirtschaftliches
Untersuchungsamt
Am Versuchsfeld 13
34128 Kassel/Harleshausen

LUFA Westfalen-Lippe
Nevinghoff 40
48147 Münster

LUFA Bonn
Landwirtschaftskammer
Siebengebirgsstr. 200
53229 Bonn

LUFA Speyer
Bezirksverband Pfalz
Obere Langgasse 40
67346 Speyer

Landesanstalt für landwirtschaftliche Chemie
– Bodenabteilung –
Emil-Wolff-Str. 14
70599 Stuttgart

Bayerische
Hauptversuchsanstalt
Abt. Bodenuntersuchung
Alte Akademie 10
85350 Freising-Weihenstephan

Höhere Bundeslehr- und
Versuchsanstalt für Gartenbau
Grünbergstr. 24
A – 1131 Wien/Schönbrunn
Österreich

Labor Roth A.G.
Rieterstr. 102
CH-8002 Zürich
Schweiz

Private Bodenuntersuchungsstellen

Bodenuntersuchungs-Institut
Koldingen
Ehlbeek 2
30938 Burgwedel

Institut Dr. Jäger
Ernst-Simon-Str. 2–4
72072 Tübingen

Boden- und Wasseranalytik
Gerhard F. Pieper
Abt-Hyller-Str. 4/1
88250 Weingarten

Impressum

Mit 272 Farbfotos von:

BKN Strobel GmbH & Co KG, Holm: 97 o; **Ursel Borstell**, Essen: 32, 36, 37 o, 39 u, 54, 55 o; **Car Selbstbaumöbel**, Henstedt-Ulzburg: 57 li; **Gartenkeramik Denk**, Coburg: 10, 46 o li, 46 o re; **Dkplus**, Vejen: 37 u; **Florapress**, Hamburg: 19 u; **Gartenbildagentur**, Au/Hallertau: 22/23, 25 re, 35 o, 50, 64, 67, 70/71; **Gartenschatz**, Stuttgart: 3, 6 li und o re, 7 alle drei, 12, 55 u, 69 li, 80 o li und mi, 81 alle vier, 82 o li, 82 mi li, 82 u li., 82 mi re, 82 u re, 83 o li, 83 o re, 83 mi li, 83 mi re, 83 u li, 83 u re, 84 mi li, 84 mi re, 84 u li, 84 u re, 85 o li, 85 o re, 85 mi li, 85 mi re, 85 u li, 85 u re, 86 o li, 86 o re, 86 mi li, 86 mi re, 86 u li, 86 u re, 87 o li, 87 o re, 87 u li, 87 u re, 88 o li, 88 mi re, 88 u li, 88 u re, 89 o li, 89 mi li, 89 mi re, 90 o li, 90 mi li, 90 u re, 91 o re, 92 o li, 92 o re, 92 mi re, 92 u li, 92 u re, 93 o re, 94 o li, 94 o re, 94 mi re, 94 u li, 95 o li, 95 o re, 95 mi li 95 mi re, 98 o li, 98 o re, 98 mi li, 98 mi re, 98 u re, 99 o li, 99 mi li, 99 mi re, 100 u li, 100 u re, 101 mi re, 102 o re, 102 mi li, 102 u li, 102 u re, 103 o li, 102 o re, 102 mi li, 102 mi re, 104 o li, 104 o re, 104 mi li, 104 mi re, 104 u li, 104 u re, 105 o li, 105 o re, 105 mi li, 105 mi re, 105 u li, 105 u re, 106 o li, 106 o re, 106 mi li, 106 u li, 107 o re, 107 u li, 108 o li, 108 o re, 108 mi li, 108 u li, 108 u re, 110 o li, 110 o re, 110 mi li, 110 u li, 111 o li, 111 mi re, 111 u li, 111 u re, 112 o li, 112 o re, 112 u li, 112 u re, 113 o li, 113 o re, 113 mi li, 113 mi re, 113 u li, 113 u re, 114 o re, 114 mi li, 114 mi re, 114 u re, 115 o li, 115 o re, 115 mi li, 115 mi re, 115 u re, 115 u li; **Gartenplanung & Gartenmöbel, Peter Geusau**, Buchkirchen bei Wels, Österreich: 63 o re; **Häberli Obst- und Beerenzentrum GmbH**, Wittighausen-Vilchband: 109 o re, 109 mi li, 109 mi re, 109 u li; **Kienztler GmbH**, Gensingen: 110 mi re, 111 o re, 111 mi li, 112 mi li, 112 mi re; **W. Kordes'Söhne**, Klein-Offenseth-Sparriesshoop: 96 mi, 97 mi, 97 u; **Folko Kullmann**, Stuttgart: 14 o; **Living Art**, Hamburg: 63 o li; **MSG/Bodo Butz**, Offenburg: 19 o, 62, 73 li, 75 alle drei, 89 o li; **MSG/Andrea Kögel**, Offenburg: 52; **Baum- und Rosenschule Noack**, Gütersloh: 96 u li; **Clive Nichols**, Banbury, England: 29 alle drei; **Wolfgang Redeleit**; Bienenbüttel: 31, 38 u, 45 u, 49 u, 61, 65 o, 73 o re, 93 o li; **Reinhard-Tierfoto/Hans Reinhard**, Heiligkreuzsteinach-Eiterbach: 28 o re, 33, 34, 48 u, 51 o, 59 o, 60 o, 74 li, 82 o re, 84 o li, 84 o re, 88 o re, 90 o li, 90 mi li, 90 o li, 90 mi li, 90 u li, 91 o li, 91 u li, 91 o re, 92 mi li, 99 o re, 100 mi li, 100 u li, 100 o re, 106 mi re, 107 o li, 108 mi re; 114 o re; **Reinhard-Tierfoto/Nils Reinhard**, Heiligkreuzsteinach-Eiterbach: 21, 49 o, 53 u li, 94 u re, 106 u re; **Manfred Ruckszio**, Taunusstein: 109 u re; **Kosmos/Christof Salata**, Stuttgart: 14 u; **Bildarchiv Sammer**, Neuenkirchen: 59 re; **Seasonal Home**, Kulmbach; 46 u; **Brigitte Stein**, Vasdorf: 74 re; **Friedrich Strauß**, Au/Hallertau: 4/5, 18, 20 o, 24, 25 o li, 26 o, 27 u, 29 li, 30, 35 u, 38 o, 40, 42 o, 43 u, 44, 47, 53 o., 53 u re, 56, 58, 68, 69 u re, 73 o, 109 o li; **Jürgen Stork**, Ohlsbach: 74 mi; **Rosenwelt Tantau**, Uetersen: 6 u re, 80 o re, 96 o li; **Annette Timmermann**, Stolpe: 8/9, 26 u, 27 o, 41 o, 43 o, 45 o, 57 o re, 60 u; Clematis-Westphal, Prisdorf : 94 mi li; **Wolfgang Willner**, Moosburg: 88 mi li.

Mit 20 Farbillustrationen von:

Reinhild Hofmann, München: 72 (Baumsäge, Gartenschere, Handrasenmäher, Spaten), 75 o; **Horst Lünser**, Berlin: 50 o alle vier; **Johannes-Christian Rost**, Stuttgart: 72 (Grabegabel, Grubber, Hacke, Handschaufel, Laubbesen); **Gisela Zinkernagel**, Freising: 15 beide, 16, 17 beide, 20.

Umschlaggestaltung von eStudio Calamar, Pau, Spanien unter Verwendung von vier Fotos von BKN Strobel GmbH & Co KG, Holm: Rose 'Gloria Dei®' oben Mitte; Ursel Borstell, Essen (unten); Gartenschatz, Stuttgart (Taglilie oben rechts und Prunkwinde oben links).

Alle Angaben in diesem Buch sind sorgfältig geprüft und geben den neuesten Wissensstand bei der Veröffentlichung wieder. Da sich das Wissen aber laufend in rascher Folge weiterentwickelt und vergrößert, muss jeder Anwender prüfen, ob die Angaben nicht durch neuere Erkenntnisse überholt sind. Dazu muss er zum Beispiel Beipackzettel zu Dünge-, Pflanzenschutz- bzw. Pflanzenpflegemitteln lesen und genau befolgen sowie Gebrauchsanweisungen und Gesetze beachten.

Die Rechtschreibung der deutschen Pflanzennamen ist nicht eindeutig geregelt. Auch jede Art der Schreibung ist möglich, die Sie sowohl in Fach- als auch in populärwissenschaftlichen Büchern finden werden.

Gedruckt auf chlorfrei gebleichtem Papier.

Bibliografische Informationen der Deutschen Bibliothek

Die Deutsche Bibliothek verzeichnet diese Publikation in der Deutschen Nationalbibliografie; detaillierte bibliografische Daten sind im Internet über http://dnb.ddb.de abrufbar.

© 2004, Franckh-Kosmos Verlags-GmbH & Co., Stuttgart
Alle Rechte vorbehalten
ISBN 3-440-09855-9
Lektorat: Angelika Throll-Keller, Birgit Grimm, Carolin Krank, Folko Kullmann
Grundlayout: Dietmar Grashoff, Lahr
Herstellung: Katrin Kleinschrot, Karin Maslo, Stuttgart
Produktion: Ralf Paucke
Printed in Slovakia/Imprimé en Slovaquie

Vom Gartentraum zum Traumgarten

Clare Matthews
Gartenparadiese für Kinder

160 S., 250 Abb., geb.
ISBN 3-440-09333-6

€ 19,90
€/A 20,50; sFr 33,60

Clare Matthews
Mosaik im Garten

128 S., 160 Abb., geb.
ISBN 3-440-09778-1

€ 19,95
€/A 20,60; sFr 33,70

Sue Fisher
Farbparadiese im Garten

144 S., 190 Abb., geb.
ISBN 3-440-09658-0

€ 19,95
€/A 20,60; sFr 33,70

Joanna Smith
Viel Garten in wenig Zeit

160 S., 180 Abb., geb.
ISBN 3-440-09332-8
€ 19,90; €/A 20,50; sFr 33,60

Wollen Sie Ihren Garten mehr genießen, als darin zu arbeiten? In diesem Buch finden Sie alles, um diesen Wunsch zu verwirklichen. Von der Planung über die Anlage und Pflege bis hin zum Genießen reichen die Ratschläge für einen Traumgarten, der wenig Mühe macht.

Angelika Throll (Hrsg.)
Viel Garten für wenig Geld

128 S., 150 Abb., geb.
ISBN 3-440-09687-4
€ 9,95; €/A 10,30; sFr 17,50

Ein schöner Garten muss nicht teuer sein! Möchten Sie preiswert Gartenmöbel, Pflanzen oder Töpfe einkaufen? In diesem Buch finden Sie über 100 Tipps, wie Sie viel Geld sparen können, Ihr Garten aber trotzdem so schön wird, wie Sie es sich wünschen!

Preisänderungen vorbehalten